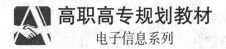

高职高专规划教材
电子信息系列

（第4版）

电工基础

主　编　曹光跃　朱钰铧
副主编　张艳艳

图书在版编目(CIP)数据

电工基础/曹光跃,朱钰铧主编.—4版.—合肥:安徽大学出版社,2018.8
高职高专规划教材.电子信息系列
ISBN 978-7-5664-1649-0

Ⅰ.①电… Ⅱ.①曹… ②朱… Ⅲ.①电工－高等职业教育－教材 Ⅳ.①TM

中国版本图书馆 CIP 数据核字(2018)第 142638 号

电工基础(第4版)

曹光跃 朱钰铧 主编

出版发行：	北京师范大学出版集团
	安 徽 大 学 出 版 社
	(安徽省合肥市肥西路3号 邮编230039)
	www.bnupg.com.cn
	www.ahupress.com.cn
印　　刷：	安徽新华印刷股份有限公司
经　　销：	全国新华书店
开　　本：	184mm×260mm
印　　张：	10.75
字　　数：	247千字
版　　次：	2018年8月第4版
印　　次：	2018年8月第1次印刷
定　　价：	30.00元

ISBN 978-7-5664-1649-0

策划编辑:刘中飞　武溪溪		装帧设计:李　军	
责任编辑:武溪溪		美术编辑:李　军	
责任印制:赵明炎			

版权所有　侵权必究

反盗版、侵权举报电话:0551—65106311
外埠邮购电话:0551—65107716
本书如有印装质量问题,请与印制管理部联系调换。
印制管理部电话:0551—65106311

前　言

"电工基础"是高等职业教育电气、电子信息类专业的重要课程。教学必修内容约为 74 学时。

在当下高等职业教育改革中,以工作过程知识为课程内容,将理论知识与实践技能相结合的项目课程成为高职教育改革的一个亮点。以安徽电子信息职业技术学院项目组为主体的老师们,与兄弟院校合作,通过课程整合,选取切合有效的载体,设置教学项目,引入相关知识内容。本教材的主要内容包括直流照明电路的设计与测试、日光灯电路的研究与设计、简易电子门铃的制作和调试、变压器的结构等 10 个模块,同时将电工基础的理论知识融入项目教学之中。

本教材切合高职高专电气、电子信息类专业教学层次,适应规定的教学时数,从内容和编写上便于教和学,使学生能较好地掌握必要的电工技术基础知识,提高学生的应用能力。本教材具有以下特点:

一、体现高等职业教育"以市场为导向、以服务为宗旨"的办学特色。我们本着"够用为度"的原则,打破了传统教材中过于注重系统性的模式,摒弃了一些繁琐的推导,精简了内容,突出了实用技能,使内容体系更适合于高等职业教育服务于市场经济的需要。

二、突出行动特色。在编写上以项目教学的形式划分全书的结构,在项目选取上充分考虑课程的特点和学生的认识规律,注重教学情景的设计以及理论、实践一体化,让学生边做边学,带着问题进行学习和探究。

三、更适应服务社会经济发展的需求。着重以培养职业岗位群的综合能力为目标,精选了一些实训内容,使理论教学和实践教学更紧密地衔接起来,着力培养和提高学生的综合素质及创新能力,以促进学生的全面发展。

四、在精选教材内容的同时,注意联系生产建设的实际,介绍一些新知识、新技术、新工艺和新方法,力争使教材具有一定的超前性、先进性和科学性。

曹光跃老师和朱钰铧老师担任本教材的主编,完成全书的统稿工作;张艳艳老师担任本教材的副主编。张艳艳老师编写模块 1 至模块 4;曹光跃老师编写模块 5 至模块 8;朱钰铧老师编写模块 9 和模块 10。本教材在编写过程中,得到了牛金生老师和《电工基础》(牛金生主编)编写组老师的大力支持,在此对他们表示衷心的感谢!

尽管在教材编写过程中我们吸收和采纳了许多师生的意见和建议,但由于经验和水平的限制,教材中的错误、疏漏和不妥之处在所难免,恳请使用本教材的同仁们不吝指正!

编 者
2018 年 3 月

目 录

模块 1　直流照明电路的设计与测试 ·· 1
　实训 1-1　安装一个灯泡的直流照明电路 ······································ 1
　实训 1-2　电源的简易测试 ··· 11

模块 2　直流照明电路的测试 ·· 21
　实训　直流照明电路的测量 ··· 21

模块 3　多路直流照明电路的安装 ··· 28
　实训 3-1　照明电路的串、并联安装及参数测试 ······························ 28
　实训 3-2　惠斯通电桥测量电阻 ·· 35

模块 4　直流照明电路组成的不平衡电桥电路的安装 ······················ 39
　实训 4-1　不平衡电桥电路的测量 ··· 39
　实训 4-2　基尔霍夫定律的应用 ·· 47
　实训 4-3　叠加定理 ··· 54
　实训 4-4　戴维南定理的验证 ·· 58

模块 5　单相交流电的测量 ··· 65
　实训　日光灯电路的安装与测量 ·· 65

模块 6　认识电阻、线圈、电容器 ··· 78
　实训　交流电路中 R、L、C 元件伏安特性的测定 ··················· 78

模块 7　日光灯电路的研究与设计 ··· 92
　实训　日光灯电路的研究和功率因数的提高 ···································· 92

模块 8　*RLC* 串联谐振 ··· 108
　实训　*RLC* 串联谐振 ·· 108

模块 9　简易电子门铃的制作和调试 ··· 124
　实训　简易电子门铃的制作和调试 ··· 124

模块 10　变压器的结构 ··· 139
　实训　单相变压器参数的实验测定 ··· 139

实训思考与练习参考答案 ·· 159

模块 1　直流照明电路的设计与测试

学习目标

□ 了解和认识电路的构成和电路的几种状态。
□ 熟练掌握电路的概念和电路中的物理量。
□ 掌握电源的性质。

工作任务

□ 连接直流照明电路,认识电路的各组成部分。
□ 测试电路,认识电路的各物理量。
□ 认识电源,掌握电源的性质。

实训 1-1　安装一个灯泡的直流照明电路

做一做

一、实训目的

(1)熟悉电路的连接方法。
(2)掌握电路的构成。
(3)掌握电路中的各物理量。
(4)认识电源,掌握电源的性质。

二、实训器材和实训电路

(1)实训器材:干电池 2 节,小灯泡 1 只,开关 1 只,电流表 1 块,电压表 1 块,导线若干。
(2)实训电路如图 1-1 所示。

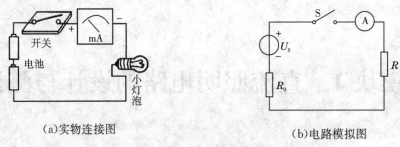

(a)实物连接图　　　　　　　(b)电路模拟图

图 1-1　一个灯泡的直流照明电路实物连接图及电路模拟图

三、实训原理

如图 1-1 所示，这个简单的电路是由两节干电池供电，由一只小灯泡作为用电器，由若干导线和一只开关连接而成的。当开关闭合时，电路导通成为通路，电路中的电流表指针偏转(有一定大小的电流)，灯泡亮；当开关断开时，电路断开成为开路(断路)，则电流表指针指向 0，灯泡灭。

1. 电流表的使用

电流表是用来测量电路中支路电流的仪表，分为直流电流表和交流电流表。电流表应串联在被测支路中，注意直流电流表接线端钮是有正负极之分的，电流应从正极流入、负极流出，若接反了，会造成指针反偏，可能会打坏表头，因此，使用时要注意。直流电流表的表头上常在字母 A 的下面加"一"标志，而交流电流表中常在字母 A 下面加"～"标志。

电流表有许多不同的量程，用来测量不同大小的电流。我们在进行电流测试前，要估算被测支路电流的大小，若被测电流大于电流表的量程，则会使电流表指针超出满偏刻度而打坏表头。若不知道被测支路的电流大小，则选用足够大量程的电流表，以避免打坏表头。

电流表的表头上分布着均匀的刻度线，如图 1-2 所示。由于刻度是均匀的，因此最大刻度处即为最大量程，被测电流的大小根据指针所指比例读数按比例计算即可。如图 1-2 所示，若我们所选量程为 15 A，则此时表头示数约为 10 A；若我们所选量程为 3 A，则表头示数约为 2 A。

注意：任何时候都不得将电流表直接与电源两端连接，否则可能会烧坏电流表。

图 1-2　电流表表头刻度盘

2. 电压表的使用

电压表的使用方法和电流表类似,只是连接方式与电流表不同。电压表要并联在被测元件或支路的两端,在直流电路中,电流从标"＋"端流入,从标"－"端流出,即"＋"端接高电位,"－"端接低电位。

注意:当事先不知道被测电流的方向和被测电压的极性时,可将任意一支表笔接触被测电路或元器件的任意一端,另一支表笔轻轻地试触一下另一被测端。若表头指针向正方向(向右)偏转,说明表笔正负性的极性连接是正确的;若表头指针向反方向(向左)偏转,则说明表笔极性接反了,交换表笔即可。

四、实训步骤

(1)按图1-1(a)连接电路。认识电路的各组成部分:电源(干电池)、开关、导线、负载(灯泡)和电流表(注意电流应该从电流表的"＋"端流入)。

(2)断开电路开关S,观察电路中的电流表指针的偏转情况和电路中的灯泡的状态。再接入电压表,测灯泡两端电压的大小。将结果记入表1-1。

(3)将电路的开关S闭合,观察电路中的电流表指针的偏转情况和电路中的灯泡的状态。再接入电压表,测量灯泡两端电压的大小。将结果记入表1-1。

表1-1 实验结果记录表

开关状态	灯亮否	电流大小	电压大小
断开			
闭合			

(4)将小灯泡换成电阻值分别为100 Ω、200 Ω和300 Ω的电阻,再用万用表测量各电阻的电压和电流。将结果记入表1-2中。

表1-2 实验结果记录表

电阻值(Ω)	100	200	300
电阻上的电压(V)			
电阻上的电流(mA)			

五、实训思考

请思考电路是如何构成的?电路中常用的物理量有哪些?

相关知识

一、电路及其模型

(一)电路

从上面的实训中我们基本上了解了一个电路的构成。简单地说,电路是电流的通路,通常由电源、负载和中间环节组成。

1. 电源

电源是给整个电路提供能量的设备。在实训 1-1 中,两节干电池即电路的电源,给灯泡提供能量,因此灯泡能够发光。电源除了有干电池外,还有蓄电池、发电机、信号源等。

2. 负载

负载是消耗电能的元件。在实训 1-1 中,灯泡即电路中的负载,它将干电池的电能转化成光能,因此,当电路接通时,灯泡就亮了。常用的负载还有电炉、喇叭、电动机等。

3. 中间环节

中间环节是用来连接电源和负载的,通常起着传输、控制和分配电能的作用。输电导线、开关和变压器等都是电路常用的中间环节,在实训 1-1 中,开关和导线即为中间环节。

电路具有三种状态:通路、开路和短路。

通路:也称闭路,指电路各部分连接成闭合回路,有电流通过。

开路:也称断路,指电路断开,电路中没有电流通过。

短路:也称捷路,当电源两端的导线直接相连时,电源输出的电流不经过负载,只经过导线直接流回电源,这种状态称为短路。

短路时电流很大,容易损坏电源和导线,引起较大危害,要尽量避免。但在电子电路的调试过程中,有时会将一部分电路短路,只是为了使被短路部分的电路与调试过程无关。这种部分电路的短路一般不具有危害。

电路通常具有多种功能,一般可分为两大类:一类是能够进行能量转换和传输的电路;另一类是能够实现信号的产生、传递和处理的电路。

(二)电路模型

电路中各种元器件一般都比较复杂,为了便于对电路进行分析和计算,常把实际的元器件加以等效化、近似化、理想化,在一定条件下忽略次要因素,用足以描述其主要特性的"模型"来表示它,即用理想元件来表示。由这种与实际电器元件相对应,并用统一规定的符号表示理想元件构成的电路,称为电路模型。

例如,我们用"电阻元件"这样一个理想电路元件来反映消耗电能的特征。这样,我们常用"电阻元件"来表示所有的电阻器(如电炉、电灯、电烙铁等实际元器件)。类似的,如干电池、发电机等电源则可以用一个"理想电压源"来近似表示。

实训 1-1 中实际电路的电路模型如图 1-1(b)所示。本书在未加特别说明时,我们所说的电路都是指这种抽象的电路模型,所说的元件均指理想元件。

当理想元件具有两个端钮与外部连接时,这类元件叫二端元件,如电阻元件、电压源、电流源等。如果没有具体说明是何种二端元件,一般用方框符号表示,如图 1-3(a)表示二端元件 A;而电阻、理想电压源、理想电流源等分别用图 1-3 中(b)、(c)、(d)所画的符号表示。

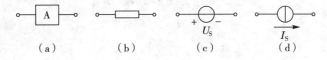

图 1-3 二端元件的模型符号

二、电路的基本物理量

在实训 1-1 中,电路的开关闭合时,电路中的电流表指针偏转,说明电路中有电流流过,灯泡发光,此时在实验中使用电压表测量灯泡两端,电压表指针偏转,说明灯泡两端有电压产生。下面,我们介绍电流和电压的概念与测量方法。

(一)电流

电路闭合时,有电流通过,电流可分为交流电流和直流电流。大小和方向均随时间变化的称为交流电流,用符号 i 表示。大小和方向均不随时间变化的称为直流电流,用符号 I 表示。

我们知道,电荷的定向移动形成电流,正电荷运动的方向为电流的实际方向,电流的大小称为电流强度,简称电流,等于单位时间内通过导体横截面的电量。

设在极短的时间内,通过导体横截面的电荷量为 dq,则电流为

$$i = \frac{\mathrm{d}q}{\mathrm{d}t} \tag{1-1}$$

在国际单位制(SI)中,时间 t 的单位为秒(s),电量 q 的单位为库仑(C),电流的单位为安培(A)。

当 $\frac{\mathrm{d}q}{\mathrm{d}t}$ 为常量时,即任意时刻,通过导体横截面的电量恒定,其大小和方向都不

随时间发生变化,这种电流称为恒定电流,简称直流。常记为 dc 或 DC,用符号 I 表示,即

$$I = \frac{q}{t} \tag{1-2}$$

若通过导体横截面的电量随时间变化,而电荷移动的方向不发生变化,则这种电流称为脉动电流。若电流的大小和方向都随时间变化,则这种电流称为交变电流,简称交流,常记为 ac 或 AC。图 1-4 中给出了几种不同的电流形式。

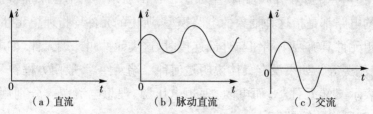

(a)直流　　(b)脉动直流　　(c)交流

图 1-4　几种不同的电流形式

(二)电压

电路中常用到的另一个物理量是电压,电压总是针对两点之间而言,因此经常用双下标表示,如图 1-5 中 U_{ab} 指 R 两端的电压,前一个下标 a 代表起点,后一个下标 b 代表终点,电压的方向则由起点指向终点。当电压的方向不随时间变化时,称直流电压,用大写 U 表示;若电压的方向随时间发生变化,称交流电压,用小写 u 表示。

电压有时也用电位差来表示。如果在电路中选定一个电位参考点 O,空间某点 a 的电位在数值上就是点 a 到点 O 的电压差。电位用符号 V 表示,如 a、b 两点电位分别表示为 V_a 和 V_b,那么 a、b 间的电压也可表示为:

$$U_{ab} = V_a - V_b$$

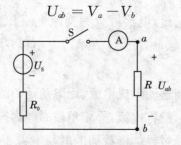

图 1-5　电路中的电位

注意:电位的参考点是可以任意选取的,但一经选定,各点电位的计算即以该点为基准。如果参考点变了,那么电路中各点电位也随之发生变化,因此,电路中各点电位与参考点有关。显然,电路中任意两点间的电压与参考点的选择无关。

在国际单位制中,电压与电位的单位都是伏特(volt),用符号 V 表示。有时也需要用到千伏(kV)、毫伏(mV)或微伏(μV)作单位。它们之间的关系是:1 kV

$=10^3$ V;1 V$=10^3$ mV$=10^6$ μV。

欧姆定律：流过导体的电流与它两端的电压成正比，与它的电阻成反比。

欧姆定律可以用如下公式表达：

$$R=\frac{u}{i} \text{ 或 } R=\frac{U}{I}$$

电阻的单位为欧姆（Ω），1 Ω 等于 1 V/A，此外还有千欧（kΩ）和兆欧（MΩ）。它们之间的关系是：1 MΩ$=10^3$ kΩ$=10^6$ Ω。

例 1-1 有一电阻两端加上 50 mV 电压时，电流为 10 mA；当两端加上 1 V 电压时，电流值会是多少？

解 根据欧姆定律可知这个电阻值：$R=\frac{U}{I}=\frac{50 \text{ mV}}{10 \text{ mA}}=5$ Ω

若加上 1 V 电压，则电流：$I=\frac{U}{R}=\frac{1 \text{ V}}{5 \text{ Ω}}=0.2$ A

在直流电路中，通常除了使用电压表测量电压外，还常常使用万用表的电压挡测量电路的电压，万用表的表笔与被测元件并联，且红表笔接在高电位端，黑表笔接在低电位端，不得接反。测量电压时也要注意选择合适的量程，再根据指针偏转情况读出被测电压的大小。

电路中电场力推动电荷做功，把电能转变成了其他形式的能量。为了衡量电场力对电荷做功能力的大小，引入了"电压"这一物理量。其定义为：电路中 a、b 两点间电压 U_{ab} 的大小等于电场力由 a 点移动单位正电荷到 b 点所做的功。用公式表示为

$$U_{ab}=W/q \tag{1-3}$$

式中 q 为由 a 点移动到 b 点的电量，W 为电场力所做的功。

（三）电流和电压的参考方向

电流在导线中或一个电路元件中流动的实际方向只有两种可能，如图 1-6 所示。

图 1-6 电流的实际方向

在电路分析中，有时对某一段电路中电流实际方向是很难判断出来的，甚至电流的实际方向（如交流电路）还在不断地改变，因此难以在电路中标明电流的实际方向。为了解决这样的问题，引入了电流"参考方向"的概念。

在一段电路中先选定一个电流方向，这个选定的电流方向就叫作电流的参考方向，参考方向可以任意选定。若电流的参考方向与它的实际方向一致，则电流

为正值($i>0$);若电流的参考方向与它的实际方向相反,则电流为负值($i<0$),如图 1-7 所示。于是在指定的电流参考方向下,电流值的正和负,就可以反映出电流的实际方向。这样在分析电路时,可以任意假设电流的参考方向,不必考虑它的实际方向,给电路计算带来了很大的方便。

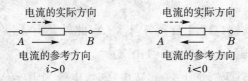

图 1-7 电流的参考方向

电流的参考方向一般用箭头表示,有时也用双下标表示,如 i_{ab},其参考方向是由 a 指向 b。

同理,对于一段电路或元件两端,也可以任意选定一个方向为电压的参考方向。当电压的实际方向与参考方向一致时,电压为正值($u>0$);当电压的实际方向与参考方向相反时,电压为负值($u<0$),如图 1-8 所示。

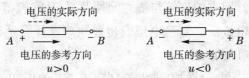

图 1-8 电压的参考方向

电压的参考方向也是任意指定的。在电路中,电压的参考方向可以用一个箭头表示,也可以用正(+)、负(-)极性来表示,由正极指向负极的方向就是电压的参考方向,还可以用双下标表示,如 u_{ab} 表示 a 和 b 之间电压的参考方向是由 a 指向 b。

电流参考方向的选定与电压参考方向的选定是独立无关的。但为了方便起见,若选定电流的方向与电压的参考方向一致,则称为关联参考方向,即选定电流从标以电压"+"极性的一端流入,从标以"-"极性的一端流出,如图 1-9 所示;否则,称为非关联参考方向。本书中若没有特别说明,一般取关联参考方向。

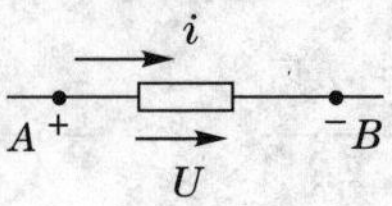

图 1-9 关联参考方向

在关联参考方向下,欧姆定律可以写成如下的公式

$$R = \frac{u}{i} \text{ 或 } R = \frac{U}{I}$$

在非关联参考方向下,则欧姆定律写为

$$R = -\frac{u}{i} \text{ 或 } R = -\frac{U}{I}$$

依据欧姆定律,在实训 1-1 中,我们可以发现灯泡两端有电源提供的电压,则灯泡中就有电流流过,请依据实训 1-1 中测得的数据求出灯泡的电阻值。

例 1-2 在图 1-10 中,五个元件代表了电源或负载电阻,图中标出了电流和电压的参考方向。已知 $U_1=100$ V,$U_2=-70$ V,$U_3=60$ V,$U_4=-40$ V,$U_5=10$ V,$I_1=-4$ A,$I_2=2$ A,$I_3=6$ A。试指出各电流的实际方向和电压的实际极性。

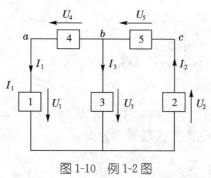

图 1-10 例 1-2 图

解 图中已标出了电流、电压的参考方向,已知 U_1、U_3、U_5、I_2 和 I_3 的值为正,这表示实际方向与设定的参考方向一致。U_2、U_4、I_1 为负值,表示实际方向与参考方向相反。

(四) 功率

电功率是表示电场力做功快慢的一个复合物理量,常简称为功率,用 p 表示。电能对时间的变化率就是功率,数值上等于单位时间所做的功。功率的表达式为

$$p=\frac{\mathrm{d}w}{\mathrm{d}t} \tag{1-4}$$

式中,$\mathrm{d}w$ 为 $\mathrm{d}t$ 时间内电路元件吸取(或消耗)的电能。

在电路分析中,我们更注重的是功率与电流、电压之间的关系。如图 1-11 所示,在关联参考方向下,$p=ui$。

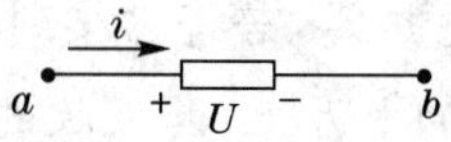

图 1-11 关联参考方向下的功率

当电压和电流均为直流量时:

$$P=UI \tag{1-5}$$

在非关联参考方向下,如图 1-12 所示,功率表达式为 $p=-ui$ 或 $P=-UI$。

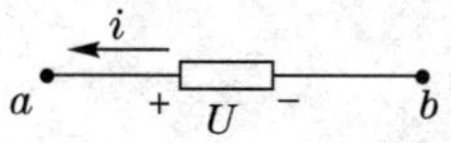

图 1-12 非关联参考方向下的功率

不论电压和电流是关联参考方向还是非关联参考方向,当 $P>0$ 时,表示元件实际上是吸收或消耗电能的;当 $P<0$ 时,表示元件实际上是释放或提供电能的。

在国际单位制中,功率的单位是瓦[特],用符号 W 表示。

$$1\,kW(千瓦)=10^3\,W(瓦)$$

例 1-3 计算图 1-13 中各元件的功率,指出该元件是作为电源还是作为负载。

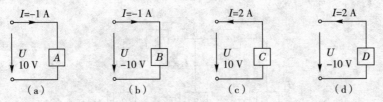

图 1-13 例 1-3 图

解 (a)图中电压、电流为关联参考方向,所以

$P=UI=10\times(-1)=-10(W)<0$

A 产生电能,为电源。

(b)图中电压、电流为关联参考方向,所以

$P=UI=(-10)\times(-1)=10(W)>0$

B 吸收电能,为负载。

(c)图中电压、电流为非关联参考方向,所以

$P=-UI=-10\times 2=-20(W)<0$

C 产生电能,为电源。

(d)图中电压、电流为非关联参考方向,所以

$P=-UI=-(-10)\times 2=20(W)>0$

D 吸收电能,为负载。

思考与练习

1. 一个 220 V、1000 W 的电热器,若将它接到 110 V 的电源上,其吸收的功率为多少?若把它误接到 380 V 的电源上,其吸收的功率又为多少?是否安全?

2. 图 1-14 中,各元件所标的是电流、电压参考方向。求各元件功率,并判断它是耗能元件还是电源。

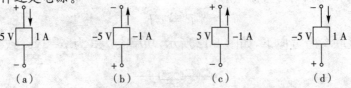

图 1-14 习题 2 图

3. 求图 1-15 中电压 U_{ab}，并指出电流和电压的实际方向。已知电阻 $R=4\ \Omega$。

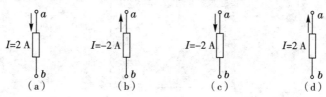

图 1-15　习题 3 图

4. 在图 1-16 所示电路中，五个元件代表电源或负载。测得 $I_1=-4\ \mathrm{A}$，$I_2=6\ \mathrm{A}$，$I_3=10\ \mathrm{A}$，$U_1=140\ \mathrm{V}$，$U_2=-90\ \mathrm{V}$，$U_3=60\ \mathrm{V}$，$U_4=-80\ \mathrm{V}$，$U_5=30\ \mathrm{V}$。

(1) 判断哪些元件是电源，哪些是负载。

(2) 计算各元件的功率，并说明电源发出的功率与负载吸收的功率是否平衡。

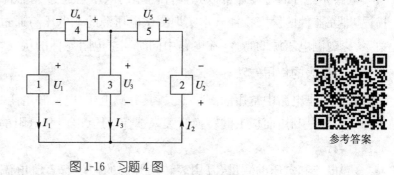

图 1-16　习题 4 图

参考答案

实训 1-2　电源的简易测试

做一做

一、实训目的

(1) 测试电源两端电压与外电路电流的关系。

(2) 验证欧姆定律。

二、实训器材和实训电路

(1) 实训器材：干电池 2 节（或 5 V 直流稳压源 1 台），可变电阻器 470 Ω 1 只，灯泡 1 只（或 200 Ω 电阻 1 只），50 mA 电流表 1 块，万用表 1 块，导线若干。

(2) 实训电路如图 1-17 所示（U_S 为 5 V 直流电源，R 为 200 Ω 电阻，R_W 为 470 Ω 的电位器）。

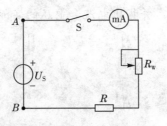

图 1-17　电源特性的测试

三、实训原理

1. 测量原理

电路元器件的特性通常以元器件两端的电压与通过元器件的电流的关系来描述，即元器件的伏安特性。本实训测试电压源的端电压与通过电压源的电流的关系，以观测电压源的特性；在电路中同时测试电阻元件的伏安特性，以作对比。

2. 万用表的使用方法

万用表是电路中常用的测量工具，具有测电压、电流和电阻的功能，又称三用表。万用表是利用面板上的转换开关来选择电压、电流和电阻的测量项目及相关的量程与倍率。

（1）电流和电压的测量：万用表转换开关的挡位有直流电流挡和交流电流挡的不同量程（具体量程与型号有关），分别用来测量直流电流和交流电流的大小；有直流电压挡和交流电压挡的不同量程，分别可以测量直流电压和交流电压的大小。具体测量方法与电压表和电流表的用法完全一样，只是接入线路时使用表笔接入。万用表的红表笔接在标"+"的插孔上，黑表笔接在标"-"或"*"的插孔上，测直流电流时，电流从红表笔流入，从黑表笔流出。测直流电压时，红表笔接高电位，黑表笔接低电位。

（2）电阻的测量：万用表测电阻时使用的挡位称为倍率挡，有"×10"挡、"×100"挡、"×1K"挡和"×10K"挡。用万用表测得的电阻值要乘以相应挡位的倍率。测量电阻前要先将电路中的电源切断，不可带电测量，接着对万用表进行欧姆调零，且每次更换挡位后都要重新调零。

在使用万用表的不同挡位时，表头上的刻度线是不同的，请大家注意区分，不要弄混淆。

使用万用表前要做到水平放置，检查表针是否停在表盘左端的零位上，若有偏离，可用螺丝刀轻轻将其调到零位。然后正确插入表笔，选择适合测量项目的挡位和量程，就可以进行测量了。在测量过程中严禁拨动转换开关，以免损坏转换开关，同时还要避免误拨到较小量程，以免撞弯或烧坏表头。

使用万用表后，应该拔出表笔，将转换开关旋至"OFF"挡，若无此挡，则应旋至交流电压最大量程挡。

四、实训步骤

(1)按图接好电路,注意先将开关断开。观测电路中电流表的电流值并填入表1-3,然后用万用表的10 V直流电压挡测量电路中A、B两点间的电压并填入表1-3。

(2)闭合开关S,调节电位器R_W的阻值,使电路中电流表的电流分别如表1-3所示,并用万用表分别对应测量表1-3中的各电压值,填入表1-3。

表1-3 实验结果记录表

电流(mA)	0	10	15	20	25
电压(U_{AB})					
电压(U_R)					

(3)用万用表分别测量出表1-4中各标称值电阻的实际电阻值,并算出各电阻的测量误差。其中:

$$测量误差 = \frac{测量值 - 标称值}{标称值} \times 100\%$$

表1-4 实验结果记录表

电阻标称值(Ω)	10	20	47	100	200	300	510	620
测量值(Ω)								
测量误差(%)								
电阻标称值(kΩ)	1	2	3	5.1	10	51	100	200
测量值(kΩ)								
测量误差(%)								

五、实训思考

(1)从表1-3中的电压U_{AB}可以观察到电源的端电压有什么特点?

(2)当外部电路的电流变化时,对电源的端电压有影响吗?

(3)当外部电路的电流变化时,电阻上的电压U_R有什么变化?为什么?

相关知识

电压源和电流源

电源在电路中是为整个电路供能的元件,没有电源,电路就无法工作。

实际使用的电源,按其外特性的不同,可以分为电压源和电流源两种不同的电路模型。忽略实际电源的内阻,我们先介绍理想电压源和理想电流源。

(一)理想电压源

理想电压源是一个理想元件,简称电压源,直流电压源的电路模型如图 1-18(a) 和图 1-18(b)所示。图 1-18(c)表示理想电压源的伏安特性曲线。图中"＋""－"号是电压源的参考极性,其端电压 U_S 的参考方向是由"＋"端指向"－"端。图中 U_S 表示电压源端电压,有时也可用 E 表示。

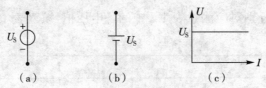

图 1-18 理想电压源及其伏安特性

电压源能为外电路提供固定不变的电压或提供随时间按一定规律变化的电压。理想电压源具有以下特点:一是它的端电压固定不变或者其电压与时间 t 之间存在函数关系,与外接电路无关;二是通过理想电压源的电流取决于它所连接的外电路,即电流随外电路的变化而变化。

一般电压源,其图形符号与直流电压源一样,只是其端电压用小写 u_S 表示,如图 1-19(a)所示;图 1-19(b)表示电压源未接外电路,即开路状态,$i=0$;图 1-19(c)表示电压源接通外电路,且外电路电流为 i_1。但图 1-19(b)、图 1-19(c)两种情况下电压源的输出电压是一样的,由于外接电路不同,因此电流不同。

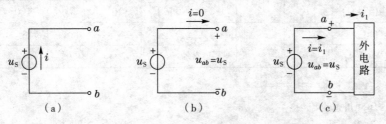

图 1-19 一般电压源

我们常见的电压源有干电池、蓄电池、发电机等,它们具有一定的电动势,其大小等于电源内部非静电力移动单位正电荷从电源的负极移到正极所做的功,通常用符号 E 表示电动势。电动势的方向与电源电压方向相反。

(二)理想电流源

理想电流源简称电流源,能为外电路提供稳定的电流。它具有以下特点:一是通过电流源的电流是定值或者随时间发生规律性变化,而与外电路无关;二是电流源的端电压取决于外电路,即端电压随外电路的变化而变化。由此给出直流理想电流源的符号如图 1-20(a)所示。图 1-20(a)中 I_S 表示电流源的电流大小,箭

头所指方向为 I_S 的参考方向。

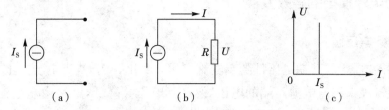

图 1-20　理想电流源及其伏安特性

图 1-20(b)表示直流理想电流源与外电路相接，其中 $I=I_S$，$U=I_S R$。图 1-20(c)表示理想电流源的伏安特性曲线。可见，理想的电流源可以向外电路提供恒定的电流。

实际的电源大多可近似看作电压源，但是在电路中也常有一些器件，其特性接近电流源。例如，我们常见的晶体三极管，在线性放大状态，当 i_b 一定时，其集电极输出电流就是一个恒定值($i_c=\beta i_b$)，与其端电压无关。还有光电池，在一定照度的光线照射下，将产生一定值的电流，其电流大小与光照度成正比，而与负载无关。这样一些器件工作时的特性比较接近电流源，因此，分析电流源的特点也是很重要的。

(三)电压源、电流源的串联和并联

在电路中经常会遇到电源的串联或并联，怎么处理呢？当 n 个电压源串联时，可以用一个电压源来等效替代，如图 1-21(a)所示，其等效电压源的电压

$$U_S = U_{S1} + U_{S2} + \cdots + U_{Sn} \tag{1-6}$$

当 n 个电流源并联时，则可以用一个电流源来等效替代，如图 1-21(b)所示，其等效电流源的电流

$$I_S = I_{S1} + I_{S2} + \cdots + I_{Sn} \tag{1-7}$$

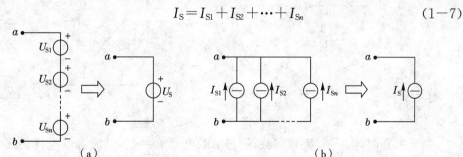

图 1-21　电压源、电流源的串联和并联

图 1-21(a)中若某个电压源方向改变，按式(1-6)计算时，其符号也要由正变负，对电流源并联时也有类似的结论。

注意：只有电压相等的电压源才能并联，只有电流相等的电流源才能串联。

(四)电源模型的等效变换

1. 实际电压源

实际的电压源,其端电压都随着电流变化而变化。例如,当电池接上负载后,我们用伏特表来测量电池两端的电压,发现其电压会降低,这是由于电池内部有电阻。我们可以用图1-22所示的方法来表示实际的电压源,即用一个电阻与电压源串联组合来表示,这个电阻即电源的内阻,其外电路端电压与电流的关系可以用$U=U_S-Ir$来表示。

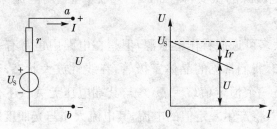

图1-22 实际电压源及其伏安特性

理想的电压源可以看作实际电压源忽略了其内阻(其内阻$r=0$)后的电路模型。实际电路中理想电压源是不存在的,实际电压源端电压都随着其中电流的变化而变化。

2. 实际电流源

实际电流源的输出电流也会随着端电压的变化而变化。例如,实际的光电池即使没有与外电路接通,还是有电流在内部流动。可见,实际电流源可以用一个理想电流源I_S和内阻r相并联的模型来表示,如图1-23所示。

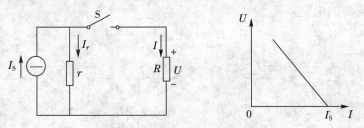

图1-23 实际电流源及其伏安特性

当S断开时,实际电流源空载,通过r的电流$I_r=I_S$,电流源端电压等于$I_S r$,此时,外电路电流$I=0$;当S闭合,外电路短路时($R=0$),则$I=I_S$,$U=0$,$I_r=0$;当S闭合,有负载时,即$R\neq 0$,则$U=IR=I_r r$,且$I=I_S-I_r$,或$I=I_S-U/r$。

3. 电源模型的等效变换

对于外电路而言,我们没有必要先确定它是电压源还是电流源,只要它们对外电路作用效果一致,用哪种电源模型都可以。因此,我们可以对实际电压源和实际电流源进行对外电路等效变换。

那么,什么是对外电路等效(又叫外部等效)呢?所谓"对外电路等效",就是要求当与外电路相连的端钮 a、b 之间具有相同的电压时,电路中的电流必须大小相等,参考方向相同。如图1-24所示。

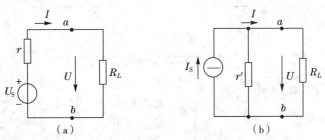

图 1-24　电源模型的等效变换

图 1-24(a)中,电压源的外特性为 $U=U_S-Ir$,即 $I=\dfrac{U_S-U}{r}$。

图 1-24(b)中,电流源的外特性为 $I=I_S-\dfrac{U}{r'}$,即 $U=(I_S-I)r'$。

根据等效的要求,可求得两电源等效的条件为:
$$U_S = I_S r \text{ 以及 } r = r'$$

若满足上面的条件,则图 1-24 所示两外电路的特性就完全相同,即它们对外电路是等效的,两者可以互相替换。

必须强调:①电压源与电流源的等效变换,只是对外电路等效,对电源内部是不等效的。②理想的电压源与电流源之间不能进行等效变换。因为理想电压源内阻为零,等效成电流源则电流为无限大;理想电流源的内阻为无限大,等效成电压源则电压无限大。无限大的电流与无限大的电压在自然界显然是不存在的。

例 1-4　作出图 1-25 所示电路的等效电源图。

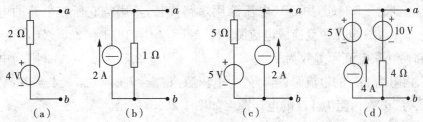

图 1-25　例 1-4 图

解　(1)图 1-25(a)中为一电压源,可等效变换为电流源,如图 1-26(a)所示。
$I_S = U_S/r = 4/2 = 2(\text{A})$,$r' = r = 2\,\Omega$

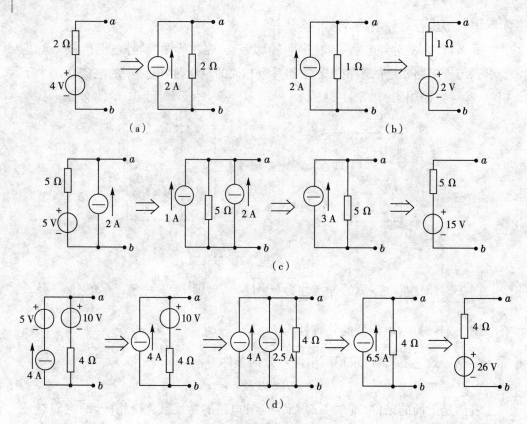

图1-26 等效变换为电流源或电压源

(2)图1-25(b)中为一电流源,可等效变换为电压源,如图1-26(b)所示。

$U_S = I_S r = 2 \times 1 = 2(V), r' = r = 1\,\Omega$

(3)先将图1-25(c)中电压源变换为电流源,$I_{S1} = U_S/r_1 = 5/5 = 1(A), r' = r = 5\,\Omega$,再与2 A电流源并联成一个电流源,$I_S = I_{S1} + I_{S2} = 1 + 2 = 3(A)$,如图1-26(c)所示。

(4)先将图1-25(d)中5 V电压源用短路代替,不影响它所在电路的电流大小;将10 V、4 Ω电压源变换成电流源,$I_{S2} = U_{S2}/r = 10/4 = 2.5(A)$,$r' = r = 4\,\Omega$;将两并联电流源等效为 $I_S = I_{S1} + I_{S2} = 4 + 2.5 = 6.5(A)$,则为电流为6.5 A、内阻为4 Ω的电流源;再等效为电压源:$U_S = I_S r = 6.5 \times 4 = 26(V)$,则为电压为26 V、内阻为4 Ω的电压源。如图1-26(d)所示。

思考与练习

1.求图1-27两个电路中电压源、电流源和电阻消耗的功率。

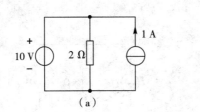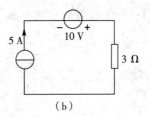

图 1-27　习题 1 图

2. 一个实际电压源可以看成一个电阻 R_0 和一个理想电压源 U_S 组成的串联电路，图 1-28 所示是测量电源电阻 R_0 和电源电压 U_S 的一个电路。已知 $R_1 = 2.6\,\Omega$，$R_2 = 5.5\,\Omega$。当将开关 S 置向 1 时，电流表读数为 2 A；当置向 2 时，读数为 1 A。试求 R_0 和 U_S。

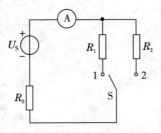

图 1-28　习题 2 图

3. 电路如图 1-29 所示，试求：

(1) 图 1-29(a) 中电压 U 和电流 I；

(2) 串入一个电阻 10 kΩ [图 1-29(b)]，重求电压 U 和电流 I；

(3) 再并联一个 2 mA 的电流源 [图 1-29(c)]，重求电压 U 和电流 I。

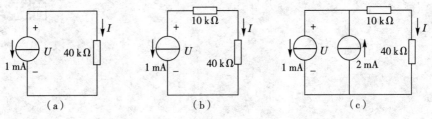

图 1-29　习题 3 图

4. 如图 1-30 所示电路，在指定的电压 U 和电流 I 参考方向下，写出各元件 U 和 I 的关系式。

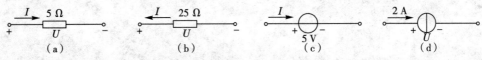

图 1-30　习题 4 图

5. 求图 1-31 所示电路中的电压 U 和电流 I。

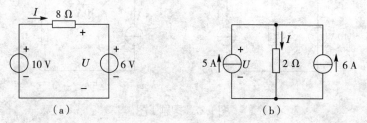

图 1-31 习题 5 图

6. 作出图 1-32 所示电路中的等效电压源模型和等效电流源模型。

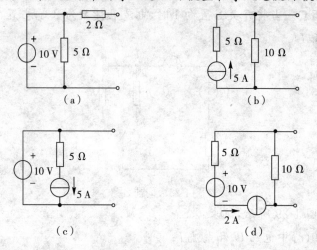

参考答案

模块 2　直流照明电路的测试

学习目标

□ 了解和认识电路中电位和电压的意义及其相互关系。
□ 了解参考点与电位的关系,理解电位的单值性和相对性。
□ 熟练掌握电路中电位的测量方法。
□ 了解和掌握电路中等电位点的概念和意义。

工作任务

□ 连接直流照明电路。
□ 测试电路,认识电路的各物理量。
□ 认识电源,掌握电源的性质。

实训　直流照明电路的测量

做一做

一、实训目的

(1) 了解和认识电路中电位和电压的意义及其相互关系。
(2) 了解参考点与电位的关系,理解电位的单值性和相对性。
(3) 熟练掌握电路中电位的测量方法。
(4) 了解和掌握电路中等电位点的概念和意义。

二、实训器材与实训电路

(1) 实训器材:双路 5 V 直流稳压电源 1 台,50 mA 电流表 1 块,500 型万用表 1 块,电阻 1 kΩ 2 只,开关 1 只,导线若干。

(2) 实训电路如图 2-1 所示。

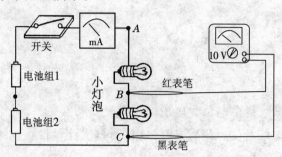

图 2-1 电位测量电路

为了实训方便,在实验室可用 2 组直流稳压电源代替电池组(为研究方便,可视为理想电压源),用 2 个 1 kΩ 的电阻代替小灯泡,则电路模型如图 2-2 所示。

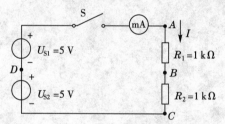

图 2-2 电位测量电路

三、实训原理

1. 测量电位的方法

一般电路中常用万用表的电压挡测量电路中某一点的电位。测量前,首先在电路中选择好参考点,然后将万用表接在被测点和参考点之间,万用表的读数即为被测点相对于参考点的电位的数值。电位的正、负判断方法如下:若万用表表头上"一"端对应的表笔(黑表笔)接于参考点时,则被测点的电位为正;若万用表表头上"+"端对应的表笔(红表笔)接于参考点时,则被测点的电位为负。

2. 参考点

电路中的参考点是任意选取的,实验中大部分选取公共点或电源负极作为参考点。规定公共点的电位为 0 V,以公共点的电位作为标准,其余各点的电位大小才能比较出来。

3. 电位的单值性与相对性

当电路中的参考点选定后,各点的电位就有一个固定值,这就是电位的单值性;若参考点不同,各点的电位也不同,这就是电位的相对性。也就是说,电路中电位的大小随参考点选择的不同而发生变化。但任何两点间的电位差(即电压)与参考点的选取无关。

注意:在同一电路中,每次测量只能选取一个参考点。

4. 等位点

电路中若有些接线点的电位是相同的,则称这些点为等位点。若用导线把等位点连接起来,则导线中不会有电流流过,同时也不影响其他各点的电位高低和电压、电流大小。

5. 电位的升高与降低

电阻上的电位顺着电流的方向降低。若电动势方向与电流方向一致,则电位沿电流方向升高;若电动势方向与电流方向相反,则电位沿电流方向降低。

6. 电压与电位的关系

电压是指电路中任意两点之间的电位差,其大小、极性与参考点的选取无关,只要电路连接好,它就是确定的。

四、实训步骤

(1)按图2-2连接电路(注意直流电流表的极性不要接反),连接正确后,接上电源,用万用表直流电压挡在线监测电路中的双路直流电源均为5 V。然后闭合开关S,接通电路。注意电流表头的指针偏转情况,若反偏,应立即断开电源,将其极性调整。

(2)分别以 A、B、C、D 为参考点,按表2-1的要求进行电路中各点电位和两点间电压的测量,并将测量结果填入表2-1。测量时注意各点电位的极性和电压的方向。

表2-1 电位与电压的测量结果

项目	测量电位				测量电压		
	V_A(V)	V_B(V)	V_C(V)	V_D(V)	U_{AB}(V)	U_{BC}(V)	U_{CA}(V)
以 A 点为参考点							
以 B 点为参考点							
以 C 点为参考点							
以 D 点为参考点							

(3)电路中有等电位点吗?是哪些点呢?找到后,请用导线将这些点连接起

来,并观察电路中的电流表示数及电位有没有受到影响。

(4)读出电流表中电流的大小,记下 $I=$ _____。

五、实训思考

(1)电压与电位有什么区别?两点间的电压为0,它们的电位是否也为0?
(2)等电位点用导线连接后,导线两端没有电压,有没有电流?

相关知识

电路中电位

电位是电路分析中经常用到的概念,尤其在电子线路中,常用电位的概念来分析电路中一些元件的工作状态,如二极管、三极管等。只有知道各电极的电位高低,才能判断它们的工作状态是导通还是截止。另外,应用电位的概念还可以简化电路图的画法,使我们分析起来更加清晰和方便。

(一)电路中各点电位的计算

计算电路中各点的电位时,首先要选定电路中某点作为参考点,一般用符号"⊥"表示,并规定参考点的电位值为零。电路中各点电位是各点到参考点的电压,即电位的参考方向是从各点指向参考点。计算电位时,与电位参考方向一致的写正号,与电位参考方向相反的写负号。在实训1-2中,我们根据电流表中的电流大小,也可以计算出各点的电位。

以 C 点为参考点时,则记为 $V_C=0$,电路中电流的参考方向如图2-2所示。

根据欧姆定律,在 ABC 路径中有

$$V_A = I(R_1+R_2), V_B = IR_2, V_C = 0, V_D = U_{S2}$$

其实 A 点电位也可由 ADC 路径计算,则

$$V_A = U_{S1} + U_{S2}$$

依据刚才实验中所测得的数据,比较用 ABC 和 ADC 路径计算的结果是否一样,你能得出什么结论?

如图2-3(a)所示电路,想计算电路中各点电位,首先确定 d 点为参考点,即 d 点的电位为零,$V_d=0$,然后计算电路中各点的电位。

依据路径 ad:

$$V_a = U_{ad} = U_{S1}$$

或依据路径 abd:

$$V_a = U_{ab} + U_{bd} = I_1R_1 + I_3R_3$$

同理，为 b 点选择不同的路径，则：
$$V_b=U_{bd}=I_3R_3 \text{ 或 } V_b=U_{ba}+U_{ad}=-I_1R_1+U_{S1}$$
$$V_c=U_{cd}=U_{S2}$$

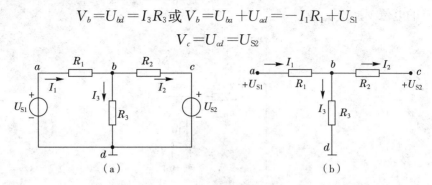

图 2-3　计算电路中各点的电位

可见，求某一点的电位往往有多条路径，可是各点电位值不会因所选计算路径的不同而改变，这是电位的单值性。例如，求 b 点的电位，除了从 R_3 到 d 外，还可沿路径 bad 或 bcd 求得。一般尽量选择最简便的路径。

当参考点改变后，电路中各点的电位值将随之改变，这是电位的相对性。

图 2-3(a)电路中，如选择 d 点为参考点，利用电位概念，可简化成如图 2-3(b)所示的电路。电子线路中，常用这种习惯画法作出线路图。

电位的参考点一般选在电路的公共接点处，线路并不一定接地，有时接在机壳上。习惯上认为大地的电位为零，如果这时机壳接地，则这条线就称为地线。

(二)等电位点

所谓"等电位点"，是指电路中电位相同的点。

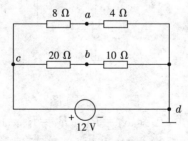

图 2-4　电位点电路

例如，图 2-4 中 a、b 两点的电位分别是：$V_a=\dfrac{4}{8+4}\times 12=4(V)$，$V_b=\dfrac{10}{20+10}\times 12=4(V)$。

可见，本电路中 a、b 两点的电位相等，它们是等电位点。等电位点具有以下特点：虽然各点之间没有直接相连，但电压等于零。若用导线或电阻元件将等电位点连接起来，因其中没有电流通过，故不影响电路原有工作状态。

在实训 1-2 的电路中，D 和 B 点即为等电位点，用导线连接后，电路的工作不变。

例 2-1 电路如图 2-5 所示,参考方向如图所示,求在 K 断开和闭合两种情况下 a 点的电位 V_a。

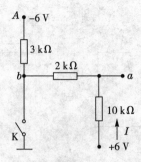

图 2-5 例 2-1 图

解 当 K 断开时,电路为单一支路,三个电阻上流过同一电流,所以有

$$V_a = 6 - 10 \times \frac{6-(-6)}{3+2+10} = -2(\text{V})$$

当 K 闭合时,电路中 b 点电位一定是 0,所以 2 kΩ 和 10 kΩ 电阻为同一支路,而 3 kΩ 电阻单独成为一条支路,所以有

$$V_a = 6 - 10 \times \frac{6}{10+2} = 1(\text{V})$$

思考与练习

1. 求出图 2-6 所示各电路中 a、b、c 各点的电位和 U_{ab}。

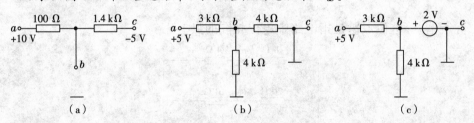

图 2-6 习题 1 图

2. 在图 2-7 所示电路中,已知 $R_1 = R_2 = R_3 = R_4 = R_5 = R_6 = 1\ \Omega$,$U_{S1} = 3\ \text{V}$,$U_{S2} = 2\ \text{V}$,以 d 点为参考点,求 V_a、V_b 和 V_c。

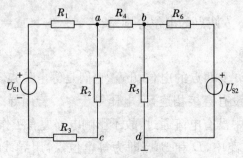

图 2-7 习题 2 图

3. 电路如图 2-8 所示,已知 $R_1 = 20\,\Omega$,$R_2 = 20\,\Omega$,$R_3 = 30\,\Omega$,$R_4 = 10\,\Omega$,$U_S = 10\,\text{V}$,试求 a、b 两点的电位和 U_{ab}。

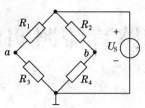

图 2-8　习题 3 图

参考答案

模块3　多路直流照明电路的安装

学习目标

☐学会连接和测试多组灯泡(电阻)组成的直流电路。
☐认识串联电路和并联电路,掌握串联分压和并联分流的特点。
☐掌握混联电阻网络的计算方法。
☐熟练掌握电阻混联网络的测试方法。

工作任务

☐连接多组直流照明电路。
☐测试电路,并总结电路的工作特点。
☐测试混联电路的等效电阻。

实训 3-1　照明电路的串、并联安装及参数测试

做一做

一、实训目的

(1)掌握电阻的串联电路的特征。
(2)掌握电阻的并联电路的特征。

二、实训器材和实训电路

(1)实训器材:直流稳压源 10 V 1 台,电阻 1 kΩ 3 只,开关 1 只,电流表 1 块,万用表 1 块,导线若干。
(2)实训电路如图 3-1 和 3-2 所示。

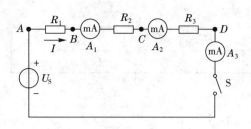
图 3-1　电阻串联测试电路

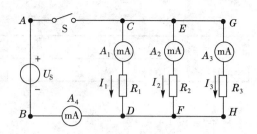
图 3-2　电阻并联测试电路

三、实训步骤

1. 串联电阻电路的特性测试

(1)按图 3-1 连接电路,注意电路中各电阻间的连接方法。

(2)将开关 S 闭合,观察各电流表内的示数,并将结果填入表 3-1。

(3)用万用表的电压挡,选择合适的量程,测量电路中的 U_{AB}、U_{BC}、U_{CA} 和 U_{AD},并将结果填入表 3-1。

(4)根据测量结果,依据欧姆定律计算电路中各电阻的电阻值,将结果填入表 3-1。

(5)将开关 S 断开,用万用表的欧姆挡测试 A、D 点间的电阻值,将结果填入表 3-1。

(6)计算各电阻的功率:$P_1=$ _____ ;$P_2=$ _____ ;$P_3=$ _____ 。

表 3-1　串联电阻电路的测试结果

A_1	A_2	A_3	U_{AB}	U_{BC}	U_{CD}	U_{AD}	R_1	R_2	R_3	R_{AD}

2. 并联电阻电路的特性测试

(1)按图 3-2 连接电路,注意电路中各电阻间的连接方法。

(2)将开关 S 闭合,观察各电流表内的示数,并将结果填入表 3-2。

(3)用万用表的电压挡,选择合适的量程,测量电路中的 U_{AB}、U_{CD}、U_{EF} 和 U_{GH},并将测量结果填入表 3-2。

(4)根据测量结果,依据欧姆定律计算电路中各电阻的电阻值,将结果填入表 3-2。

(5)将开关 S 断开,用万用表的欧姆挡测试 A、B 点间的电阻值,将结果填入表 3-2。

(6)计算各电阻的功率:$P_1=$ _____ ;$P_2=$ _____ ;$P_3=$ _____ 。

表 3-2 并联电阻电路的测试结果

A_1	A_2	A_3	A_4	U_{AB}	U_{CD}	U_{EF}	U_{GH}	R_1	R_2	R_3	R_{AB}

四、实训思考

(1)电阻串联电路有什么特征?

(2)电阻并联电路有什么特征?

相关知识

电阻的串并联

(一)电阻的串联及其分压

从上面的实训可以看出,多个电阻首尾依次相连构成电阻的串联,如图 3-1 所示。通过测试我们得出:①电流表 A_1、A_2、A_3 中电流相等;②$U_{AB}+U_{BC}+U_{CA}=U_{AD}$;③$R_{AD}=R_1+R_2+R_3$。

因此,串联电路有如下特征:

(1)串联电路中所有元件流过同一电流。

(2)串联电路总电压等于各串联电阻电压之和。

(3)串联电路的总电阻等于各串联电阻值之和。

如图 3-3(a)所示的电路是 n 个电阻串联电路。n 个电阻串联可等效为图 3-3(b)所示电路形式,是串联电阻的等效电路。

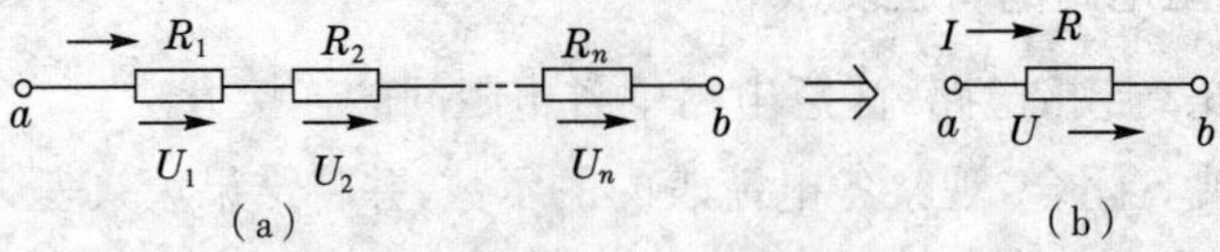

(a)　　　　　　　　(b)

图 3-3　电阻的串联及其等效

从连接的形式上看,这 n 个电阻流过同一电流。设各段电压的参考方向与电流 I 为关联参考方向,有

$$U=U_1+U_2+\cdots+U_n$$

由于每个电阻上的电流均为 I,则有

$$U_1=R_1I, U_2=R_2I, \cdots, U_n=R_nI$$

代入上式有

$$U=IR_1+IR_2+\cdots IR_n=I(R_1+R_2+\cdots+R_n)=IR$$

式中 R 称为串联等效电阻,又叫串联电阻的总电阻。
$$R = R_1 + R_2 + \cdots + R_n$$

其一般形式为
$$R = \sum_{k=1}^{n} R_k \tag{3-1}$$

可见,电阻串联时的等效电阻等于各个电阻之和。

串联电路中的电阻有串联分压的作用,各电阻上分得的电压与电阻值成正比。

$$U_1 = IR_1 = \frac{U}{R} \cdot R_1 = \frac{R_1}{R} \cdot U$$

$$U_2 = IR_2 = \frac{U}{R} \cdot R_2 = \frac{R_2}{R} \cdot U$$

$$U_n = IR_n = \frac{U}{R} \cdot R_n = \frac{R_n}{R} \cdot U$$

其一般形式为
$$U_k = \frac{R_k}{R} \cdot U \tag{3-2}$$

上式是串联电阻的电压分配公式,即分压公式。

例 3-1 已知某电灯的额定电压 $U_1 = 60$ V,在正常工作时通过的电流 $I = 4$ A,若将其接入 $U = 220$ V 的照明电路,应该怎么接入?

解 因照明电路的总电压比电灯的额定电压大,所以电路中必须串联合适阻值的分压电阻,分去电路中多余的电压,才能使电灯正常工作。如图 3-4 所示。

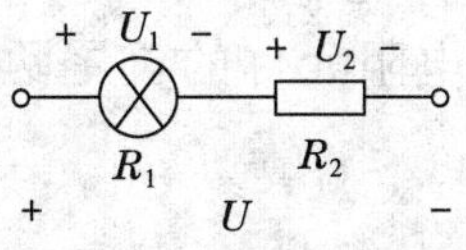

图 3-4 例 3-1 图

分压电阻上的电压应为
$$U_2 = U - U_1 = 220 - 60 = 160 \text{(V)}$$

因串联电路中电流相等,所以分压电阻的阻值为
$$R_2 = \frac{U_2}{I} = \frac{160}{4} = 40 \text{(Ω)}$$

依据串联电阻的分压原理,可利用微安表或毫安表改装成电压表。电流表的表头阻值 R_g 往往为几百欧到几千欧,允许通过的最大电流 I_g 为几十微安到几毫安。流过电流表表头的电流不得超过 I_g,否则会烧毁电流表。根据欧姆定律,若直接利用这种微安表或毫安表作为电压表,则可测量的电压范围很小。如果我们给电流表串联一个较大的分压电阻,则可使电压量程扩大很多,只要按电流大小将刻度改为合适的电压值即可。如图 3-5 所示。

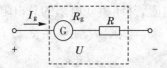

图 3-5 电压表原理图

例 3-2 已知一块电流表,电阻 R_g 为 1 kΩ,满偏电流 I_g 为 100 μA,若用它作为电压表,则这个电压表的量程是多少?若把它改装成量程为 3 V 的电压表,则串联的分压电阻应该为多大?

解 (1)根据欧姆定律,这块电流表用作电压表时,电流达满偏时电流表上的电压即电压量程。

$$U = I_g R_g = 1000 \times 0.0001 = 0.1(V) = 100(mV)$$

即量程为 100 mV。

(2)电流表与分压电阻串联,所以当电流满偏时,表头指示应达到满量程电压,即 3 V,则电压表内阻应该是

$$R_0 = \frac{3\ V}{0.1\ mA} = 30\ kΩ$$

其中电流表内阻 R_g 为 1 kΩ,所以分压电阻的阻值为

$$R = R_0 - R_g = 30 - 1 = 29(kΩ)$$

可见,当电流表串联一较大电阻时,电压量程可扩大。

(二)电阻的并联及其分流

如图 3-6 所示电路,把几个电阻元件的首尾两端分别连接在两个节点上,这种连接方式叫作电阻的并联。

据上面的测试,有:①$U_{AB}=U_{CD}=U_{EF}=U_{GH}$;②电流表 A_1、A_2、A_3 中电流和等于 A_4。可见,并联电路中并联电阻两端的电压是相等的。

图 3-6 给出电阻 R_1、R_2、…、R_n 相并联的电路。a,b 两端外加电压 U,总电流为 I,各支路电流分别为 $I_1,I_2,…,I_n$,其参考方向如图所示。

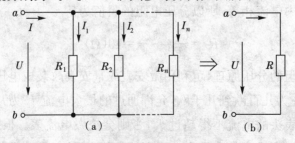

图 3-6 电阻的并联及其等效

在图 3-6 中,根据测试,有

$$I = I_1 + I_2 + \cdots + I_n$$

$$= \frac{U}{R_1} + \frac{U}{R_2} + \cdots + \frac{U}{R_n}$$

$$= U(\frac{1}{R_1} + \frac{1}{R_2} + \cdots + \frac{1}{R_n})$$

$$= U \cdot \frac{1}{R}$$

式中 R 为并联等效电阻,又称并联电阻的总电阻。

有
$$\frac{1}{R} = \frac{1}{R_1} + \frac{1}{R_2} + \cdots + \frac{1}{R_n} \qquad (3-3)$$

或
$$G = G_1 + G_2 + \cdots + G_n$$

其中 $G = \frac{1}{R}$,G 是电阻的倒数,称为电导,单位是西门子(S),$1\,\text{S} = 1/\Omega$。

并联电阻的一般形式
$$G = \sum_{k=1}^{n} G_k \qquad (3-4)$$

可见,多个电阻并联时,其等效电导等于各电导之和。

对于两个电阻并联,其等效电阻为

$$R = \frac{R_1 R_2}{R_1 + R_2}$$

对于两个电阻并联,通过各个电阻的电流为

$$I_1 = \frac{U}{R_1}, I_2 = \frac{U}{R_2}$$

$$U = IR = I\frac{R_1 R_2}{R_1 + R_2}$$

所以有
$$I_1 = I \times \frac{R_2}{R_1 + R_2} = \frac{R}{R_1} I = G_1 U$$

$$I_2 = I \times \frac{R_1}{R_1 + R_2} = \frac{R}{R_2} I = G_2 U$$

一般形式
$$I_1 : I_2 : \cdots : I_n = G_1 : G_2 : \cdots : G_n \qquad (3-5)$$

可见,电阻并联电路中各支路电流与该支路的电阻成反比,这也是并联电路的分流特性:电阻越大的支路分得的电流越小,分得电流的大小与所在支路电阻大小成反比。

(三)电阻的混联及其等效电阻

所谓"电阻的混联",就是既有电阻的串联连接方式又有电阻的并联连接方式,也可以称为电阻的串并联连接方式。电阻混联电路在实际中应用很广,形式多样,一般都可以通过电阻的串并联等效将其逐步化简,最后化为一个等效电阻。

在求解电阻混联电路时,有时电路的连接关系看起来不十分清楚,这时就需要将原电路改画成清楚的串、并联关系电路。注意,在改画过程中,一定不能改变原来电路中各电阻的连接关系,否则,改画后的电路就不再是原来的电路了。

例 3-3 某二端电阻网络如图 3-7(a)所示,求这个二端网络的等效电阻。

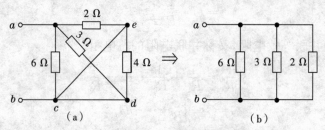

图 3-7 混联电阻网络及其等效

解 由图可知,c、d、e 与 b 是等电位点,所以 $6\ \Omega$、$3\ \Omega$ 和 $2\ \Omega$ 电阻分别连到 a 和 b 两点,而 $4\ \Omega$ 电阻两端连到同一点 b 上,故被短路。这样,图 3-7(a)的电路可以等效成图 3-7(b)的电路,所以其等效电阻为

$$R = \frac{1}{\frac{1}{6} + \frac{1}{3} + \frac{1}{2}} = 1(\Omega)$$

例 3-4 电路如图 3-8(a)所示,已知 $R_1 = R_2 = 8\ \Omega$,$R_3 = R_4 = 6\ \Omega$,$R_5 = R_6 = 4\ \Omega$,$R_7 = R_8 = 24\ \Omega$,$R_9 = 16\ \Omega$,$U = 168\ V$,求:通过 R_9 的电流和 R_9 两端的电压。

解 根据电阻串、并联关系,将图 3-8(a)所示电路等效成 3-8(b)图所示等效电阻关系。

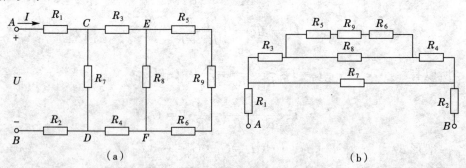

图 3-8 例 3-4 图

所以混联总电阻为

$$R = 28\ \Omega$$

总电流为

$$I = \frac{U}{R} = \frac{168}{28} = 6(A)$$

经两次并联分流,每条并联支路的电阻相等,则 $I_9 = 1.5\ A$,$U_9 = 24\ V$。

实训 3-2　惠斯通电桥测量电阻

做一做

一、实训目的

(1) 学会识别电阻的串并联连接关系。
(2) 了解和认识惠斯通电桥电路,并掌握电桥平衡条件。
(3) 熟悉等电位点对电路的影响。

二、实训器材和实训电路

(1) 实训器材:直流稳压源 10 V 1 台,电阻 3 kΩ 1 只、1 kΩ 1 只、50 kΩ 1 只,电位器 1 只,待测电阻 R_x 2 只,灵敏电流计 1 块,万用表 1 块,开关 2 只,导线若干。

(2) 实训电路如图 3-9 所示。

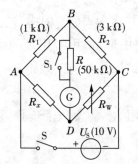

图 3-9　惠斯通电桥的原理

三、实训原理

惠斯通电桥的原理如图 3-9 所示,标准电阻 R_1、R_2、电位器 R_W、待测电阻 R_x 连成四边形,每一条边称为电桥的一个臂。在对角 A 和 C 之间接电源 U_S,在对角 B 和 D 之间接灵敏电流计 G。因此,电桥由 4 个臂、电源和灵敏电流计三部分组成。当电路接通后,各条支路中均有电流通过,灵敏电流计支路起到沟通 ABC 和 ADC 两条支路的作用,好像一座"桥"一样,故称为"电桥"。适当调节 R_W 的大小,可以使 B 点电位和 D 点电位相等,成为等电位点,此时桥上没有电流通过,即通过灵敏电流计的电流 $I_G=0$,电桥的这种状态称为平衡状态。这时 U_{AB} 等于 U_{AD},

U_{BC} 等于 U_{DC}。设 ABC 支路和 ADC 支路中的电流分别为 I_1 和 I_2，由欧姆定律得

$$I_1 R_1 = I_2 R_x$$
$$I_1 R_2 = I_2 R_W$$

两式相除，得电桥平衡条件

$$\frac{R_1}{R_2} = \frac{R_x}{R_W}$$

故有

$$R_x = \frac{R_1}{R_2} R_W \qquad (3-6)$$

即待测电阻 R_x 等于 R_1/R_2 与 R_W 的乘积。通常将 R_1/R_2 称为比率臂，将 R_W 称为比较臂。

四、实训步骤

(1) 按图 3-9 连接电路，连接无误后，接入直流电源，用万用表直流电压挡监测电路中的电源电压为 10 V。

(2) 将开关 S 闭合，观察灵敏电流计指针有无偏转，若有偏转，则调节电位器 R_W，直至电流计指针指向 0。

(3) 闭合开关 S_1，再观察灵敏电流计指针有无偏转，若有偏转，则继续调节电位器 R_W，直至电流计指针指向 0。

(4) 读出此时 R_W 的阻值，并代入式(3-6)中计算出待测电阻 R_x 的阻值。

(5) 将待测电阻 R_x 从电路中取下，用万用表的欧姆挡测量其阻值，和上面用电桥测得的阻值进行比较，看结果是否一致。如不一致，看差别大不大，并请分析原因。

(6) 更换电路中的待测电阻 R_x，重复以上步骤再次进行测量。

五、实训思考

(1) 思考在本实训电路中为何要在灵敏电流计所在支路中接入 50 kΩ 电阻，并思考实训步骤中第(3)步的作用。

(2) 当惠斯通电桥平衡时，电路中 4 个桥臂上的电阻分别是什么连接关系？

思考与练习

1. 求图 3-10 中各无源二端网络（电阻网络）的等效电阻。

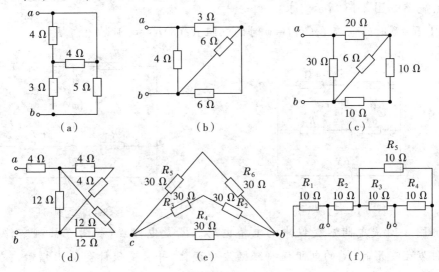

图 3-10 习题 1 图

2. 有一块万用表，表头的满偏电流为 $40\ \mu A$，如果将它改装为一个量程分别为 $0.05\ mA$、$1\ mA$、$10\ mA$ 的多量程电流表，如图 3-11 所示，试计算 R_1、R_2、R_3 的电阻值。

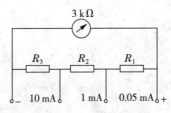

图 3-11 习题 2 图

3. 如图 3-12 所示电路是直流电动机的一种调速电阻电路，它由 4 个固定电阻串联而成。利用几个开关的闭合和断开，可以得到多种电阻值。设 4 个电阻都是 $10\ \Omega$，试求在下列三种情况下，a、b 两点间的电阻值。

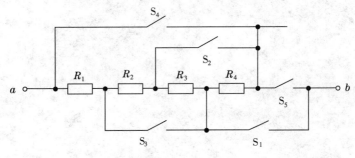

图 3-12 习题 3 图

(1)S_1 和 S_5 闭合,其他开关断开;

(2)S_2、S_3 和 S_5 闭合,其他开关断开;

(3)S_1、S_3 和 S_4 闭合,其他开关断开。

4. 电路如图 3-13 所示。求:

(1)$R=0$ 时的电流 I;(2)$I=0$ 时的电阻 R;(3)$R=\infty$ 时的电流 I。

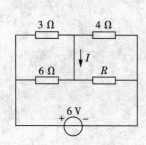

图 3-13　习题 4 图

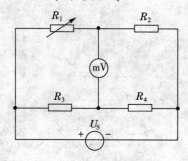

图 3-14　习题 5 图

5. 图 3-14 是电阻应变仪中的电桥电路。R_1 是电阻丝,黏附在被测零件上。当零件发生变形时,R_1 的电阻值将跟随发生变化,并且毫伏计会给出指示。在测量前,将各电阻值调节到 $R_1=R_2=100\ \Omega$,$R_3=R_4=200\ \Omega$,电源电压 $U_S=2$ V,这时电桥平衡,毫伏计指示为零。假设毫伏计内阻为无限大,试计算当毫伏计指示在 $-1\sim 1$ mV 区间时,电阻 R_1 的变化值 ΔR_1(已知 $\Delta R_1 \ll R_1$)。

参考答案

模块 4 直流照明电路组成的不平衡电桥电路的安装

学习目标

☐ 学会安装多灯泡组成的电桥电路,并掌握测试方法。
☐ 理解并熟练掌握基尔霍夫定律的应用。
☐ 掌握利用戴维南定理分析直流电阻性电路的方法。
☐ 理解并熟练运用线性电路中的叠加定理。
☐ 掌握利用支路电流法分析计算直流电阻性电路的方法。
☐ 理解复杂电路和简单电路的区别,及复杂电路中的常用术语。
☐ 理解复杂电路的网孔电流分析法。
☐ 熟练运用直流电阻性电路的各种定理来测试电路。

工作任务

☐ 安装多灯泡不平衡电桥直流照明电路。
☐ 测试电路,验证各种电路的常用定理。
☐ 认识复杂电路,并掌握复杂电路的测试和分析方法。

实训 4-1 不平衡电桥电路的测量

做一做

一、实训目的

(1) 了解和认识不平衡电桥电路。
(2) 进一步熟悉电路中参考方向的概念。
(3) 掌握电路中的电压和电流的测量方法。
(4) 验证基尔霍夫定理。

二、实训器材和实训电路

(1)实训器材:直流稳压源10 V 1台,电阻300 Ω 2只,200 Ω 2只,100 Ω 1只,开关1个,电流表50 mA 3块,万用表1块,导线若干。

(2)实训电路如图4-1所示。

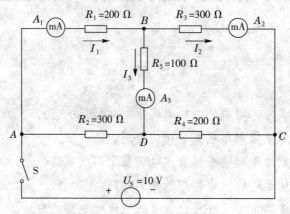

图4-1 不平衡电桥电路

三、实训原理

如图4-1所示是不平衡电桥电路,仅用电阻的串并联等效无法将电路化简,但所有的电路中都存在着一定规律,如任一闭合回路中所有段的电压间有着一定的规律,电路中的任一节点所对应的电流也存在着一定的规律。

在如图4-1所示的电路中,我们来测试电路中 B 点所对应的电流 I_1、I_2、I_3 之间有何关系。再找出任一闭合回路,测试各段电压之间的关系。

四、实训步骤

(1)按图连接电路,连接无误后,接入直流电源,用万用表直流电压挡在路监测电路中的电源电压为 10 V。

(2)将开关S闭合,观察各电流表中电流值,并记录下来,填写入表4-1。

(3)用万用表电压挡测试表4-1列出的各电阻上的电压值。

表4-1 测量结果

I_1(mA)	I_2(mA)	I_3(mA)	U_{AB}(V)	U_{BC}(V)	U_{AD}(V)	U_{DC}(V)	U_{BD}(V)

(4)根据测量结果,请验证流入节点 B 的电流与流出节点 B 的电流值是否相等。

(5)根据测量结果,验证回路 ABD、BCD、ABCD 里的各段电压的代数和是多少。

五、实训思考

(1)将本实训电路中的 R_3 和 R_4 调换位置,请你分析一下,电路中会有什么变化?并再次验证实训步骤中(4)和(5)的结果有无改变。

(2)若测试电路时没有电流表,你能想出其他方法通过测量得出表 4-1 中所需要填写的各电流吗?

基尔霍夫定律

根据上面的实训 4-1,我们可以看出,电路中的电流和电压会遵循一定的规律,这个电路中普遍存在的规律称为基尔霍夫定律。基尔霍夫定律(Kirchhoff's Laws)是电路中电压和电流所遵循的基本规律,是分析和计算较为复杂电路的基础,它既可以用于直流电路的分析,也可以用于交流电路的分析;既适用于线性电路的分析,也适用于非线性电路的分析。运用基尔霍夫定律进行电路分析时,仅与电路的连接方式有关,而与构成该电路的元器件具有什么样的性质无关。基尔霍夫定律包括电流定律和电压定律。

(一)电路中几个常用的名词术语

1. 支路

电路中能通过同一电流的每个分支叫作支路。如图 4-2 所示的电路中有三条支路,分别为 adb、aeb 和 acb。其中支路 adb 和 acb 中含有电源,称为有源支路(或含源支路);支路 aeb 中没有电源,称为无源支路。

2. 节点

电路中三条或三条以上支路的连接点称为节点。如图 4-2 所示的电路中有两个节点,分别为 a 点和 b 点。

3. 回路

电路中的任意闭合路径称为回路。如图 4-2 所示的电路中有三个回路,分别为 adbca、adbea 和 aebca。

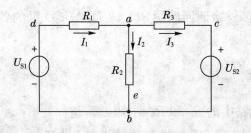

图 4-2 电路名词含义用图

4. 网孔

电路中内部不含支路的回路称为网孔。如图 4-2 所示的电路中有两个网孔,分别为 $adbea$ 和 $aebca$。

(二)基尔霍夫电流定律(KCL)

基尔霍夫电流定律(Kirchhoff's Current Law,简称 KCL)是根据电流的连续性,即电路中任一节点、在任一时刻均不能堆积电荷的原理推导来的。在任一时刻,流入一个节点的电流之和等于从该节点流出的电流之和,这就是基尔霍夫电流定律。

对图 4-2 中节点 a,根据 KCL 可得

$$I_1 = I_2 + I_3 \text{ 或 } I_1 - I_2 - I_3 = 0$$

写成一般形式

$$\sum i = 0 \tag{4-1}$$

对于直流电流有

$$\sum I = 0 \tag{4-2}$$

上式表明:在任一时刻,电路的任一节点上,所有支路电流的代数和恒等于零。此时,若流入节点的电流取正号,则流出节点的电流取负号。

如图 4-3(a)所示电路,截取某一电路中的一个节点,在给定的电流参考方向下,已知 $I_1=1$ A, $I_2=-2$ A, $I_3=4$ A,试求出 I_4。根据基尔霍夫电流定律(KCL),写出方程 $-I_1+I_2+I_3-I_4=0$,代入已知数据 $-1+(-2)+4-I_4=0$,得 $I_4=1$ A。

图 4-3 基尔霍夫电流定律的应用

如图 4-3(b)所示电路，用虚线框对三角形电路作一闭合面，根据图上各电流的参考方向，列出这个闭合面的 KCL 方程，则有 $I_1+I_2+I_3=0$。对电路中 a、b 和 c 三个节点列出相应的 KCL 方程，得 $I_1-I_a+I_c=0$，$I_2+I_a-I_b=0$，$I_3+I_b-I_c=0$，将上述三式相加得 $I_1+I_2+I_3=0$。

可见，将 KCL 推广到电路中任一闭合面时仍是正确的。

例 4-1 求出如图 4-4 所示中两个电路中的电流。

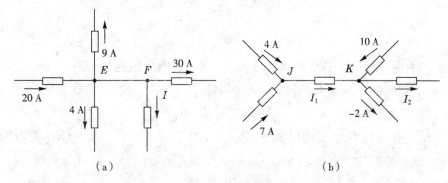

图 4-4 例 4-1 图

解 (a)图中 E 和 F 间没有元件，所以可视为同一节点，电路中各支路电流参考方向均已标出，根据 KCL 定律有

$$20=9+4+30+I$$

所以 $\qquad I=-23\text{ A}$

(b)图中有 J、K 两个节点，电路中各支路电流参考方向均已标出，根据 KCL 定律有

节点 J： $\qquad I_1=4+7=11(\text{A})$

节点 K： $\qquad I_1+10=-2+I_2$

所以 $\qquad I_2=23\text{ A}$

(三)基尔霍夫电压定律(KVL)

基尔霍夫电压定律(Kirchhoff's Voltage Law，简称 KVL)是根据能量守恒定律推导来的，也就是说，当单位正电荷沿任一闭合路径移动一周时，其能量不改变。在任一时刻，电路中任一闭合回路内各段电压的代数和恒等于零，这就是基尔霍夫电压定律。

其数学表达式为

$$\sum u = 0 \qquad (4-3)$$

在直流电路中，可表示为

$$\sum U = 0 \qquad (4-4)$$

基尔霍夫电压定律确定了电路中回路内各段电压之间的关系。写上式时,首先需要选定一个回路的绕行方向,当电压的参考方向与绕行方向一致时,该电压前面取"+"号;当电压的参考方向与绕行方向相反时,则取"-"号。

图 4-5(a)给出某电路中的一个回路,其电流、电压的参考方向及回路绕行方向在图上已标出。根据 KVL 可列出下列方程

$$U_{ab}+U_{bc}+U_{cd}+U_{de}-U_{fe}-U_{af}=0$$

或

$$U_{ab}+U_{bc}+U_{cd}+U_{de}=U_{af}+U_{fe} \tag{4-5}$$

上式表明,电路中两点间(例如 a 点和 e 点)的电压值是确定的。不论沿哪条路径,两节点间的电压值是相同的。所以,基尔霍夫电压定律实质上是电压与路径无关性质的反映。

如果把各元件的电压用欧姆定律代入,对于图 4-5(a)所示电路,可以写出 KVL 的另一种表达式。如将 $U_{ab}=I_1R_1$,$U_{bc}=I_2R_2$,$U_{cd}=I_3R_3$,$U_{de}=U_{S3}$,$U_{fe}=I_4R_4$,$U_{af}=U_{S4}$ 代入式(4-2)并整理,可得

$$I_1R_1+I_2R_2+I_3R_3-I_4R_4=U_{S4}-U_{S3}$$

或

$$\sum I_kR_k = \sum U_{Sk} \tag{4-6}$$

上式左边是电阻的电压,若电流参考方向与绕行方向一致,则 IR 前取"+",否则取"-";若上式右边电压源电压的参考方向与绕行方向一致,则 U_S 前取"-",否则取"+"。

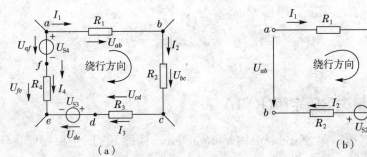

图 4-5 基尔霍夫电压定律的应用

基尔霍夫电压定律不仅可以用在任一闭合回路,还可推广到任一不闭合的电路上,但要将开口处的开路电压列入方程。如图 4-5(b)所示电路,在 a、b 点处没有闭合,沿绕行方向一周,根据 KVL 则有

$$I_1R_1+I_2R_2+U_{S1}-U_{S2}-U_{ab}=0$$

或

$$U_{ab}=I_1R_1+U_{S1}-U_{S2}+I_2R_2$$

模块 4 直流照明电路组成的不平衡电桥电路的安装

由此可得到任何一段含源支路的电压和电流的表达式。即任意支路均可看成不闭合回路,从而可以用 KVL 写出其电压和电流的表达式。

例 4-2 一段有源支路 ab 如图 4-6 所示,已知 $U_{S1}=3$ V, $U_{S2}=13$ V, $U_{ab}=5$ V, $R_1=4$ Ω, $R_2=1$ Ω,设电流参考方向如图所示,求 I。

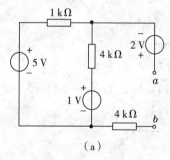

图 4-6 例 4-2 图

解 这一段有源支路可看成一个单回路电路,开口 a、b 处可看成一个电压大小为 U_{ab} 的电压源,那么根据 KVL,选择顺时针绕行方向,可得

$$IR_1+U_{S1}+IR_2-U_{S2}-U_{ab}=0$$

$$I=\frac{U_{ab}+U_{S2}-U_{S1}}{R_1+R_2}=\frac{5+13-3}{4+1}=3(\text{A})$$

通过求解本题可知,从 a 到 b 的电压降 U_{ab} 应等于由 a 到 b 路径上全部电压降的代数和。

例 4-3 电路如图 4-7(a)所示,求电路中 a、b 两点间的电压 U_{ab}。

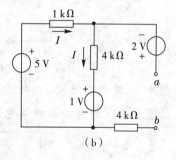

图 4-7 例 4-3 图

解 在电路上标出参考方向,如图 4-7(b)所示,由于 a、b 两点间开路,因此 2 V 电源所在支路和 4 kΩ 电阻所在支路中电流均为 0,而 5 V 电源、1 kΩ 电阻、4 kΩ 电阻和 1 V 电源围成一个回路,设这个回路中的电流为 I,参考方向如图 4-7(b)所示,按顺时针绕行,根据 KVL 有

$$5\text{ V}-I\times 1\text{ kΩ}-I\times 4\text{ kΩ}-1\text{ V}=0$$

解得:
$$I=0.8\text{ A}$$

而 2 V 电源、1 V 电源和两个 4 kΩ 电阻与 a、b 两点可看成一个由 U_{ab} 封闭的回路,按顺时针绕行,则根据 KVL 有

$$U_{ab}+0-1\text{ V}-4\times I-2\text{ V}=0$$

解得:
$$U_{ab}=6.2\text{ V}$$

思考与练习

1. 图 4-8 所示电路中,根据 KCL 列出方程,有几个是独立的? 根据 KVL 列出所有的网孔方程。

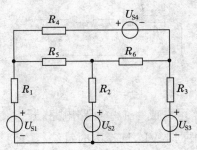

图 4-8 习题 1 图

2. 根据不闭合回路的 KVL,求图 4-9 所示电路中 a、b 两点间的电压 U_{ab}。

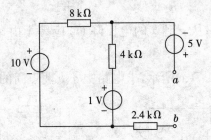

图 4-9 习题 2 图

3. 在图 4-10 所示电路中,已知 $I_{S1}=2\ \text{A}$,$I_{S2}=3\ \text{A}$,$R_1=1\ \Omega$,$R_2=2\ \Omega$,$R_3=2\ \Omega$,求 I_3、U_{ab} 和两理想电流源的端电压 U_{cb} 和 U_{db}。

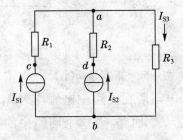

图 4-10 习题 3 图

4. 求图 4-11 中各有源支路中的未知量。图 4-11(d)中 P_{I_S} 表示电流源的功率。

参考答案

模块 4 直流照明电路组成的不平衡电桥电路的安装

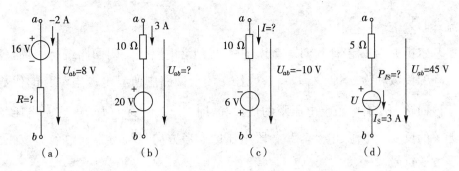

图 4-11 习题 4 图

实训 4-2 基尔霍夫定律的应用

一、实训目的

(1)熟悉基尔霍夫电流定律和基尔霍夫电压定律的内容。
(2)加深对参考方向的理解。
(3)学会应用基尔霍夫定律分析电路的未知项。

二、实训器材和实训电路

(1)实训器材:直流稳压电源 10 V 和 5 V 各 1 台,500 型万用表 1 块,电阻 100 Ω 1 只,200 Ω 1 只,300 Ω 1 只,电流表 50 mA 1 块,导线若干。
(2)实训电路如图 4-12 所示。

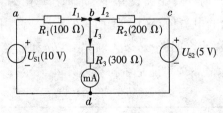

图 4-12 基尔霍夫定律的应用电路

三、实训原理

基尔霍夫第一定律(KCL)指出:任一时刻、任一节点(或闭合面)的电流的代数和等于 0,即 $\sum I = 0$;或流入节点(闭合面)的电流等于流出该节点(闭合面)的电流，即 $\sum I_i = \sum I_o$。

基尔霍夫第二定律(KVL)指出：任一时刻沿电路任一闭回路绕行一周，各段电压降的代数和为0，即 $\sum U = 0$；或任一闭合回路中所有电源电动势的代数和等于该回路中所有电阻上电压降的代数和，即 $\sum E = \sum (IR)$。它是电压与路径无关的反映。电源、电动势和各段电压的参考方向与绕行方向一致者取正号，相反者取负号。

四、实训步骤

(1) 按图正确连接电路，调节双路直流稳压电源，用万用表在路监测，通过调节，先使电源 $U_{S1}=10\text{ V}$，再使电源 $U_{S2}=5\text{ V}$。注意电流表头的指针偏转情况，若反偏，应立即断开电源，并调整其极性。

(2) 请找出电路中有哪几个节点、支路和回路，填入表4-2。

表4-2　电路的节点、支路和回路

节点	
支路	
回路	
网孔	

(3) 按图4-12中的参考方向，选择顺时针绕行方向，设各支路的电流如图4-12所示，请用各支路电流 I_1、I_2 和 I_3（为未知数），列出其中节点 b 的 KCL 方程和所有网孔的 KVL 方程。罗列这些方程，试着解出各支路电流 I_1、I_2 和 I_3。

(4) 将万用表调至直流电压挡位置，分别测出三个电阻 R_1、R_2、R_3 上的电压 U_{R_1}、U_{R_2} 和 U_{R_3}（注意极性，即参考方向是否与实际方向一致），将结果填入表4-3。

(5) 根据测量结果，请计算出各支路中电流 I_1、I_2 和 I_3，填入表4-3。并比较步骤(3)中利用方程求出的电流值，在误差允许范围内是否相等。

(6) 根据测量结果，计算回路 $abcda$、回路 $abda$ 和回路 $bcdb$ 的电压降的代数和，并将计算结果填入表4-3，验证是否符合基尔霍夫定律。

表4-3　验证 KCL 和 KVL 定律

U_{S1}	U_{S2}	I_1	I_2	I_3	$\sum I$	U_{R_1}	U_{R_2}	U_{R_3}	$\sum U_{abda}$	$\sum U_{bcdb}$	$\sum U_{abcda}$

五、注意事项

(1) 注意电路连接，连接无误后方可加上两路电源。

(2)两路电源接入电路时均要用万用表在路监测。

(3)注意电流表的偏转情况,不能反偏。

(4)若调节直流稳压电源的稳压调节时,稳压电源的电压表头不动(即调不上去),可将对应的那路电源的稳流调节稍微调大一些(注意不要调到最大),这样电压就可以调上去了。

相关知识

常用的电路分析方法

(一)支路电流法

在实训4-2中,实验步骤中第(2)、(3)两步没有测量,直接利用基尔霍夫定律列写出KCL和KVL方程,计算出各支路的电流。这是一种利用基尔霍夫定律分析电路的方法,称为支路电流法。

支路电流法是根据基尔霍夫定律,以各条支路的电流为未知数来列写电路方程,并由方程解出各支路电流的分析方法,然后利用欧姆定律求出各支路电压。若电路有b条支路,则可以设b个未知数,列出b个独立方程,然后解出各未知的支路电流。

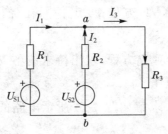

图4-13 支路电流法示例电路

以图4-13所示的电路为例来说明支路电流法的应用。

在电路中支路数$b=3$,节点数$n=2$,以支路电流I_1、I_2、I_3为变量,共列出3个独立方程。列方程前指定各支路电流的参考方向如图所示。

首先,根据电流的参考方向,对节点a列写KCL方程

$$+I_1+I_2-I_3=0$$

对节点b列写KCL方程

$$-I_1-I_2+I_3=0$$

显然,两个方程中只有一个是独立的。因此,对于具有两个节点的电路,只能列出$(2-1)=1$个独立的KCL方程。这一结果可以推广到一般电路:节点数为n

的电路中,按 KCL 列出的节点电流方程只有$(n-1)$个是独立的,并将它们称为一组独立节点。余下的一个则称为参考节点,参考节点可以任意选取。

其次,选择回路,应用 KVL 列出其余 $b-(n-1)$ 个方程。每次新列出的 KVL 方程与已经列写过的 KVL 方程必须是相互独立的。通常,可取网孔来列 KVL 方程。图 4-13 中有两个网孔,按顺时针方向绕行(绕行方向可以任意选定,但一经选定,就不得随意更改),对左边网孔列写 KVL 方程

$$R_1 I_1 - R_2 I_2 = U_{S1} - U_{S2}$$

按顺时针方向绕行对右边网孔列写 KVL 方程

$$R_2 I_2 + R_3 I_3 = U_{S2}$$

网孔的数量恰好等于 $b-(n-1)=3-(2-1)=2$。因为每个网孔都包含一条互不相同的支路,所以每个网孔都是一个独立回路,可以列出一个独立的 KVL 方程。

应用 KCL 和 KVL 一共可以列出 $(n-1)+[b-(n-1)]=b$ 个独立方程,它们都是以支路电流为变量的方程,因而可以解出 b 个支路电流。

综上所述,对于有 b 条支路 n 个节点的电路,应用支路电流法分析计算电路的一般步骤如下:

(1)在电路图中设定各支路电流及其参考方向。

(2)任意指定参考节点,对各独立节点列出 $n-1$ 个 KCL 方程。

(3)通常取网孔列写 KVL 方程,设定各网孔绕行方向,列出 $b-(n-1)$ 个 KVL 方程。

(4)联立求解上述 b 个独立方程,求出待求的各支路电流。然后根据电压与电流的关系,求出各支路电压。

例 4-4 用支路电流法求解如图 4-14 所示电路的各支路电流及理想电流源上的端电压 U。

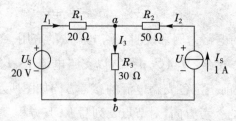

图 4-14 例 4-4 图

解 设各支路电流为 I_1、I_2、I_3,参考方向如图 4-14 所示,电流源端电压 U 的参考方向如图所示。根据 KCL 和 KVL 可得到如下方程

节点 1 $I_1 + I_2 - I_3 = 0$ (1)

回路1 $I_1 R_1 + I_3 R_3 = U_S$ (2)

回路2 $-I_2 R_2 - I_3 R_3 + U = 0$ (3)

其中 $I_2 = I_S$

(1)、(2)、(3)联立得

$$I_1 = \frac{U_S - I_S R_3}{R_1 + R_3} \quad (4)$$

$$I_3 = I_1 + I_2 \quad (5)$$

$$U = I_2 R_2 + I_3 R_3 \quad (6)$$

代入数值得

$$I_1 = -0.2 \text{ A}, I_3 = 0.8 \text{ A}, U = 74 \text{ V}$$

(二)网孔电流法

用支路电流法分析计算电路时,若电路的支路数较多,所列方程数就较多,不便于求解。为了减少方程数量,可以采用方程数较少的网孔电流法。

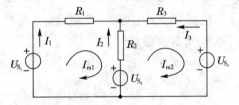

图 4-15 支路电流与网孔电流的关系

如图 4-15 所示,图中共有三条支路、两个网孔。设想在每个网孔中,都有一个电流沿着网孔的边界环流 I_{m1} 和 I_{m2},其参考方向如图所示,这样一个在网孔中环行的假想电流就叫作网孔电流。电路中所有的支路电流都可以用网孔电流表示。从图 4-15 中可以看出,各支路电流与网孔电流的关系为 $I_1 = I_{m1}$、$I_2 = I_{m2} - I_{m1}$、$I_3 = -I_{m2}$,即所有支路电流都可以用网孔电流表示,只要求出各网孔电流,就可以确定所有支路电流。

网孔电流法就是以电路的 $b-(n-1)$ 个网孔电流为电路变量(未知量),按 KVL 列出 $b-(n-1)$ 个网孔电压方程联立求解,再根据网孔电流与支路电流的关系求出支路电流及其他量。

用网孔电流法列出 KVL 方程时,因为电路变量(未知量)是网孔电流而不是支路电流,所以要先用网孔电流表示支路电流,进而表示电阻电压。通常,选取网孔的绕行方向与网孔电流的参考方向一致。仍以图 4-15 所示电路为例,两个网孔利用网孔电流可列出 KVL 方程如下

$$R_1 I_{m1} + R_2 I_{m1} - R_2 I_{m2} = U_{S1} - U_{S2} \quad 即 \quad (R_1 + R_2) I_{m1} - R_2 I_{m2} = U_{S1} - U_{S2}$$

$$R_2 I_{m2} - R_2 I_{m1} + R_3 I_{m2} = U_{S2} - U_{S3} \quad 即 \quad -R_2 I_{m1} + (R_2 + R_3) I_{m2} = U_{S2} - U_{S3}$$

这就是以网孔电流为未知量时列写的 KVL 方程,称为网孔方程。

把上述结论推广到具有 m 个网孔的电路,可将网孔电流法的步骤归纳如下:

(1)选定各网孔电流的绕行方向,它们也是列方程式时的绕行方向,通常,各网孔电流的绕行方向选择一致。

(2)以回路电流为未知数,根据 KVL 列网孔方程。

列网孔方程时注意:

①当某一电阻上有几个回路电流流过时,该电阻上的电压必须写成几个回路电流与电阻乘积的代数和,其正负号按如下方式确定:自身回路电流与该电阻的乘积取正,相邻回路电流的方向若与自身回路电流方向一致时乘积项取正,相反时取负。

②若回路中有电压源,一般把 U_S 写在等号的右边,电压源电压方向与回路电流的绕行方向一致时,U_S 前取负号,否则取正号。

(3)求解网孔方程,解出各网孔电流。

(4)指定支路电流的参考方向,支路电流为相关网孔电流的代数和。

(5)如果电路中存在电流源与电阻并联的组合,可先将它们等效变换为电压源与电阻串联的组合,然后列写方程。

例 4-5 用网孔电流法求图 4-16 所示电路中的各支路电流。

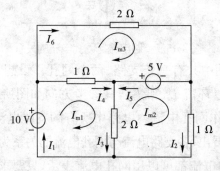

图 4-16 例 4-5 图

解 首先选择各网孔电流的参考方向,如图 4-16 所示。设各网孔电流为 I_{m1}、I_{m2}、I_{m3},根据 KVL 列出各网孔的 KVL 方程组

$$3I_{m1} - 2I_{m2} - I_{m3} = 10$$
$$-2I_{m1} + 3I_{m2} = -5$$
$$-I_{m1} + 3I_{m3} = 5$$

求解网孔方程组,得

$$I_{m1} = 6.25 \text{ A}, I_{m2} = 2.5 \text{ A}, I_{m3} = 3.75 \text{ A}$$

选择各支路电流的参考方向,如图 4-16 所示,由网孔电流求出各支路电流

$$I_1 = I_{m1} = 6.25 \text{ A}, I_2 = I_{m2} = 2.5 \text{ A}$$

$$I_3 = I_{m1} - I_{m2} = 3.75 \text{ A}, I_4 = I_{m1} - I_{m3} = 2.5 \text{ A}$$
$$I_5 = I_{m3} - I_{m2} = 1.25 \text{ A}, I_6 = I_{m3} = 3.75 \text{ A}$$

思考与练习

1. 电路如图 4-17 所示，使用支路电流法求各支路电流，再求出两个电源的功率，并说明它们是吸收功率还是发出功率。

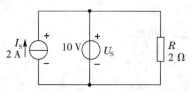

图 4-17 习题 1 图

2. 电路如图 4-18 所示，$U_{S1} = 15$ V，$R_1 = 5$ Ω，$U_{S2} = 5$ V，$R_2 = 10$ Ω，$R_3 = 20$ Ω，用支路电流法求各支路电流。

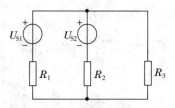

图 4-18 习题 2 图

3. 找出图 4-19 所示电路中的节点与支路，用支路电流法列出其中独立的节点方程和独立的回路方程。

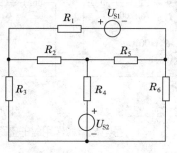

图 4-19 习题 3 图

参考答案

实训 4-3 叠加定理

一、实训目的

(1) 加深对参考方向的理解。
(2) 加深对电路基本定理的理解。
(3) 掌握线性电路的叠加定理。

二、实训器材和实训电路

(1) 实训器材：直流稳压电源 10 V 和 5 V 各 1 台，50 mA 电流表 3 块，500 型万用表 1 块，电阻 100 Ω 1 只，200 Ω 1 只，300 Ω 1 只，导线若干。

(2) 实训电路如图 4-20、图 4-21 所示。

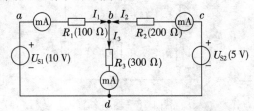

图 4-20　两电源共同作用时的电路图

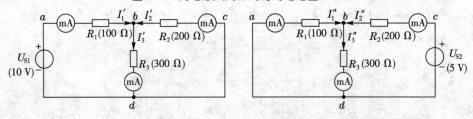

(a) U_{S1} 单独作用时的电路图　　　　(b) U_{S2} 单独作用时的电路图

图 4-21　各电源单独作用时的电路

三、实训原理

叠加定理指出：在有多个独立电源作用的线性电路中，任一支路的电源（或电压）等于各电源单独作用时（其余电源不作用）在该支路中所产生的电流（或电压）的代数和。不作用的电源应按零值处理[即电压源（如电池、发电机、稳压电源等）的内阻很小，去掉电源，该处可用导线短接。由于电流源的内阻很大，故电流源可用开路代替]。

四、实验步骤

(1)按图 4-20 所示正确连接电路,接入并调节两路电源,使 $U_{S1}=10$ V、$U_{S2}=5$ V(用万用表在路监测)。试接通电路时观察电流表指针不要反偏,若有反偏,即调换电流表的两端。

(2)读出三条支路上的电流 I_1、I_2、I_3,读数时请注意参考方向与实际方向的关系,将结果填入表 4-4。然后用万用表分别测出三个电阻上的电压 U_{R_1}、U_{R_2}、U_{R_3},读数时请注意参考方向和实际方向的关系,将结果填入表 4-4。

表 4-4　U_{S1}、U_{S2} 共同作用时的结果

I_1	I_2	I_3	U_{R_1}	U_{R_2}	U_{R_3}

(3)当 U_{S1} 单独作用时,先关闭电源,根据图 4-21(a)所示正确连接,即把电源 U_{S2} 去掉,用导线代之。用万用表在路监测 U_{S1},将其调到 10 V(以万用表为准)。试接通电路时观察电流表指针不要反偏,若有反偏,即调换电流表的两端;若正常,从三个电流表中读出 I'_1、I'_2、I'_3。用万用表测出三个电阻上的电压 U'_{R_1}、U'_{R_2}、U'_{R_3},填入表 4-5。

(4)当 U_{S2} 单独作用时,关闭电源,根据图 4-21(b)所示正确连接,即把 U_{S1} 电源去掉,用导线代之。试接通电路时观察电流表指针不要反偏,若有反偏,即调换电流表的两端。然后开启电源,用万用表监测 U_{S2} 是否正常,若不是 5 V,可调直流稳压电源,将其调到 5 V(以万用表为准)。若正常,从三个电流表中读出 I''_1、I''_2、I''_3,用万用表测出三个电阻上的电压 U''_{R_1}、U''_{R_2}、U''_{R_3},填入表 4-5。

表 4-5　各电源单独作用的结果及叠加的结果

	R_1 中电流	R_2 中电流	R_3 中电流	R_1 上电压	R_2 上电压	R_3 上电压
U_{S1} 作用	I'_1	I'_2	I'_3	U'_{R_1}	U'_{R_2}	U'_{R_3}
U_{S2} 作用	I''_1	I''_2	I''_3	U''_{R_1}	U''_{R_2}	U''_{R_3}
叠加结果	I_1	I_2	I_3	U_{R_1}	U_{R_2}	U_{R_3}

(5)根据测量的结果,观察表 4-5 中的电流和表 4-4 中的电流和电压是否相等,来验证叠加定理。如果有误差,分析误差产生的原因。

五、实训思考

(1)叠加定理的内容是什么?电源的单独作用如何理解?

(2)利用测量得到的值将电路中各电阻的功率算一算,分析电路中的功率是否满足叠加定理。

相关知识

叠加定理

叠加性是线性电路的基本性质。叠加定理是分析线性电路的重要定理。内容如下:在线性电路中,当电路中有两个或两个以上的独立源作用时,则任一支路的电流(或电压)等于电路中每个独立源单独作用下该支路产生的电流(或电压)的代数和。

独立源单独作用:即一个电源作用,其余电源不作用,不作用的电源中的电压源可视为短路,不作用的电源中的电流源则视为开路。

以前面例题 4-4 为例,图 4-14 所示电路中有两个电源,因此可以利用叠加定理将其分解,把电路看成两个电源单独作用电路的叠加,以求 I_1 电流为例进行说明。当独立电压源单独作用时,独立电流源为零,即独立电流源视为开路[如图 4-22(a)所示];当独立电流源单独作用时,独立电压源为零,即独立电压源视为短路[如图 4-22(b)所示]。电路分解如图 4-22 所示。

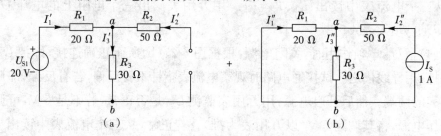

图 4-22 电源单独作用的叠加

分析:如图 4-22(a)所示,电压源单独作用,$I'_2=0$,所以电路只有一个回路,$I'_1=I'_3$。

根据 KVL 可得

$$U_{S1}-I'_1(R_1+R_3)=0$$

所以

$$I'_1=\frac{U_S}{R_1+R_3}$$

如图 4-22(b)所示,$U_S=0$,$I''_2=I_S=1\,\text{A}$,

所以有

$$I''_1=-\frac{R_3 I_S}{R_1+R_3}$$

所以有

$$I_1=I'_1+I''_1=\frac{U_S}{R_1+R_3}-\frac{R_3 I_S}{R_1+R_3}=\frac{U_S-I_S R_3}{R_1+R_3}$$

代入数值得

$$I_1=-0.2\,\text{A}$$

可见与例4-4中结果完全吻合。

使用叠加定理时,需注意:

(1)叠加定理只适用于线性电路中的线性物理量的计算,如线性电路的电压和电流的计算,但并不能用于线性电路的功率计算。

(2)叠加时需注意电压和电流的参考方向,参考方向可任意选择,但解题过程中不可以随意更改。

(3)独立电压源不作用时要作短路处理,独立电流源不作用时要作开路处理。

例 4-6 如图 4-23 所示桥形电路中,$R_1 = 20\,\Omega$, $R_2 = 10\,\Omega$, $R_3 = 30\,\Omega$, $R_4 = 10\,\Omega$, $U_S = 20V$, $I_S = 1A$。试用叠加定理求 R_4 上的电压 U。

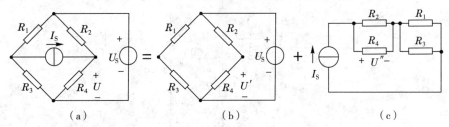

图 4-23 例 4-6 图

解 (1)当电压源单独作用时,电流源开路,如图 4-23(b)所示。

$$U' = \frac{R_4}{R_2 + R_4}U_S = \frac{10}{10+10} \times 20 = 10(V)$$

(2)当电流源单独作用时,电压源短路,如图 4-23(c)所示。

$$I_{R_4} = \frac{R_2}{R_2 + R_4}I_S = \frac{10}{10+10} \times 1 = 0.5(A)$$

$$U'' = I_{R_4}R_4 = 0.5 \times 10 = 5(V)$$

根据叠加定理: $U = U' + U'' = 10 + 5 = 15(V)$

思考与练习

1.电路如图 4-24 所示,试用叠加定理求 $40\,\Omega$ 电阻上的电压。

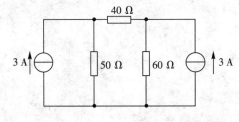

图 4-24 习题 1 图

2.如图 4-25 所示电路,(1)将开关 S 闭合于 a 点,求电流 I_1、I_2 和 I_3;(2)将开关 S 闭合于 b 点,利用(1)的结果,再求电流 I_1、I_2 和 I_3。

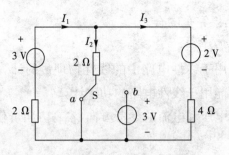

图 4-25 习题 2 图

3. 如图 4-26 所示电路，试用叠加定理计算 5 Ω 电阻上的电压及功率。

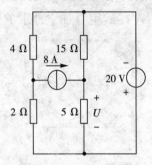

图 4-26 习题 3 图

4. 已知图 4-27 中各电阻的电阻值均为 10 Ω，电压源电压 $U_S=80\,\text{V}$，试利用叠加定理分析电路中各支路电流的值。

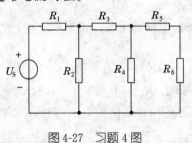

图 4-27 习题 4 图

参考答案

实训 4-4 戴维南定理的验证

一、实训目的

(1) 验证戴维南定理。
(2) 理解有源二端网络的概念。
(3) 加深对电路基本定理的理解。

二、实训器材和实训电路

(1)实训器材:直流稳压电源1台,50 mA电流表1块,500型万用表1块,电阻100 Ω 2只,200 Ω 1只,300 Ω 1只,电位器470 Ω 或1 kΩ 1只,导线若干。

(2)实训电路如图4-28、图4-29所示。

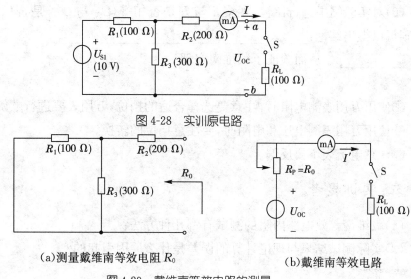

图4-28 实训原电路

(a)测量戴维南等效电阻 R_0　　　(b)戴维南等效电路

图4-29 戴维南等效电路的测量

三、实训原理

戴维南定理指出:由线性元件组成的任何有源二端网络,可以用一个等效电源代替,等效电源的电压等于该二端网络的开路电压 U_{OC},其内阻 R_0 等于该二端网络中所有独立电源为零但保留其内阻时,从输出端看进去的等效电阻。

四、实训步骤

(1)按图4-28正确连接电路,其中 R_1 取100 Ω,R_2 取200 Ω,R_3 取300 Ω。电流表的量程为50 mA。

(2)闭上开关S,调节直流电源,使 $U_{S1}=10$ V(用万用表在路监测)。测出对应的电流 I 和 R_L 上的电压 U_{R_L}。

(3)断开开关S,用万用表测出有源二端网络 ab 两端的开路电压 U_{OC},并将结果填入表4-6。

(4)去掉电压源,按图4-29(a)改接电路,用万用表的电阻挡测出 R_0,并将结果填入表4-6。

(5)按图4-29(b)正确连接电路,调节电位器 R_P,使其接入电路中的电阻等于 R_0,调节稳压电源,使其输出电压为 U_{OC},接通电源,读出对应的电流 I' 和 U'_{R_L}。将结果填入表4-6。

表4-6 测量结果

I	U_{R_L}	U_{OC}	R_0	I'	U'_{R_L}

(6) 对实验结果进行比较,观察 I 与 I' 是否相等,U_{R_L} 与 U'_{R_L} 是否相等。若相等,则可以得出结论:_____
_____。从而验证了戴维南定理。

注意:
① 使用万用表测电阻时,注意要选择合适的挡位,万用表要进行欧姆调零。
② 使用万用表测电压和电阻时,要注意挡位的转换。
③ 注意电流表不要反偏。

五、实训思考

(1) 戴维南等效电路内阻的测试有哪几种方法?
(2) 实际测试结果与理论计算的误差是什么原因引起的?

相关知识

戴维南定理

凡具有两个端钮与外电路相连接的网络,不管其内部结构如何,都称为二端网络。根据二端网络内部是否包含电源,我们可将其分为无源二端网络和有源二端网络。无源二端网络可以用方框和两个引出端表示,网络下标为P;有源二端网络的网络下标为A。无源二端网络和有源二端网络符号分别见图4-30(a)和图4-30(b)。

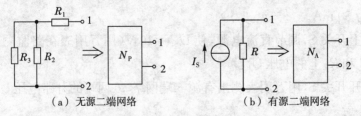

(a) 无源二端网络　　　(b) 有源二端网络

图4-30 二端网络

一个无源二端网络可以等效为一个电阻,我们可以用串并联化简方式或直接测量的方法来获得等效电阻值。那么有源二端网络的等效电路又是什么呢?

法国工程师 M. L. 戴维南在多年实践的基础上,于1883年提出:任何一个线性有源二端网络,对外电路而言,总可以用一个电压源与电阻相串联的模型来代替。电压源的电压等于有源二端网络的开路电压 U_{OC},其电阻等于该有源二端网络中所有电源为零时(即电压源短路,电流源开路)无源二端网络的等效电阻 R_0。这就叫戴维南定理。

在实训 4-3 中,我们可以看出,对负载 R_L 而言,图 4-28 原电路中将 R_L 断开后的有源二端网络和图 4-29(b)的戴维南等效电路对负载 R_L 的作用效果一致。这就验证了戴维南定理。

例 4-7 电路如图 4-31(a)所示,若已知 $R_1=2\,\Omega, R_2=3\,\Omega, R_3=3\,\Omega, R_4=2\,\Omega$, $R_5=1.6\,\Omega, U_S=10\,V$,试用戴维南定理求电路中 R_5 的电流 I。

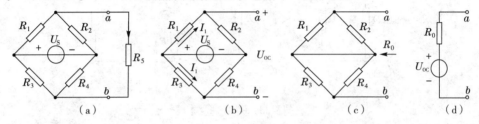

图 4-31 例 4-7 图

解 先根据戴维南定理将图 4-31(a)中 a、b 左边的有源二端网络进行戴维南等效,求戴维南等效电路的开路电压 U_{OC} 和等效电阻 R_0。

因为 $R_1+R_2=R_3+R_4=5\,\Omega$,所以这四个电阻里流过的电流大小均为 $I_1=2\,A$,再根据不闭合回路的 KVL,有 $U_{OC}-I_1R_3+I_1R_1=0$,所以有 $U_{OC}=2\,V$。

再根据图 4-31(c)的无源二端网络可得
$$R_0=(R_1//R_2)+(R_3//R_4)=2.4\,\Omega$$
将原电路中的 R_5 带入戴维南等效电路,得
$$I=\frac{U_{OC}}{R_0+R_5}=0.5\,A$$

例 4-8 用戴维南定理求图 4-32(a)电路中的 I。

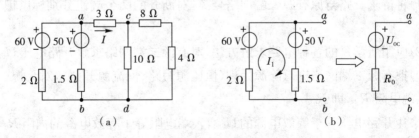

图 4-32 例 4-8 图

解 该电路可视为由三个部分组成:端钮 a、b 左侧的有源二端网络,端钮 c、d 右侧的无源二端网络和待测电阻。

端钮 a、b 左侧是个含独立源的二端网络,应用戴维南定理求出它的等效电

路,如图 4-32(b)所示。等效电路的电压源电压等于该二端网络的开路电压,即

$$U_{OC} = 50 + 1.5I_1 = 50 + 1.5 \times \frac{(60-50)}{2+1.5} = 54.3(V)$$

等效电路的电阻等于该二端网络中所有电源为零时的输入电阻 R_0。

此时恰好是两个电阻并联,故有

$$R_0 = \frac{2 \times 1.5}{2+1.5} = 0.86(\Omega)$$

端钮 c、d 右侧的无源二端网络可等效为如图 4-33(a)所示的电阻 R。

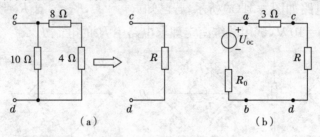

图 4-33 例 4-8 图续

据图 4-33(a)所示,有

$$R = \frac{10 \times (8+4)}{10+(8+4)} = 5.45(\Omega)$$

于是,将图 4-32(a)电路简化为单回路电路,如图 4-33(b)所示,由此可求得电流为

$$I = \frac{U_{OC}}{3+R+R_0} = 5.83(A)$$

在应用戴维南定理时,必须要注意电压源 U_{OC} 在等效电路中的正确连接。如计算开路电压时,选择 U_{OC} 的参考方向为由 a 到 b,则戴维南等效电路中等于 U_{OC} 的电压源电压的参考正极性应接于 a。

应用戴维南定理解题的步骤总结如下:

(1)将待求支路与原有源二端网络分离,对断开的两个端钮分别标以记号(如 a、b)。

(2)应用所学过的各种电路求解方法,对有源二端网络求解开路电压 U_{OC}。

(3)把有源二端网络进行除源处理(恒压源短路、恒流源开路),对无源二端网络求入端电阻 R_{ab},即 R_0。

(4)让开路电压等于等效电源的 U_{OC},入端电阻等于等效电源的内阻 R_0,则可以求出戴维南等效电路。此时再将断开的待求支路接上(注意电压 U_{OC} 参考方向),最后根据欧姆定律或分压、分流关系求出电路的待求物理量。

思考与练习

1. 求图 4-34 所示各电路的戴维南等效电路,用 U、I 和 R 表达出戴维南等效电路的开路电压 U_{OC} 和等效电阻 R_0。

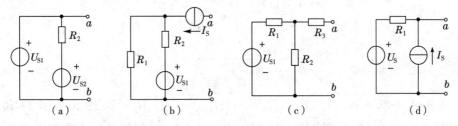

图 4-34　习题 1 图

2. 今测得一含有源二端网络的开路电压为 9 V,短路电流为 0.9 A,试画出其戴维南等效电路。若外接一个 $R=20\ \Omega$ 的电阻,试求 R 上的电压和电流。

3. 用戴维南定理求解如图 4-35 所示的两个电路。已知图 4-35(a)中两个电流源的电流均为 6 A,$R_1=4\ \Omega$,$R_2=2\ \Omega$,$R_3=2\ \Omega$;求电路中 U 的值。已知图 4-35(b)中 $U_S=12\ V$,$R_1=8\ \Omega$,$R_2=2\ \Omega$,$R_3=6\ \Omega$,$R_4=3\ \Omega$,求 R_4 上的电压 U 的值。

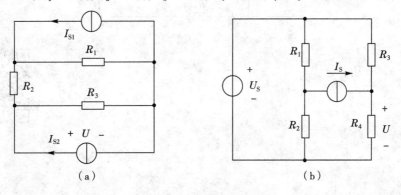

图 4-35　习题 3 图

4. 用戴维南定理求图 4-36 所示二端网络的等效含源支路(即戴维南等效电路)。

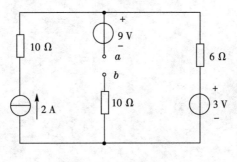

图 4-36　习题 4 图

5. 试分别用叠加定理和戴维南定理求图 4-37 所示电路中电压 U 的值。

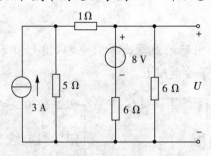

图 4-37　习题 5 图

6. 如图 4-38 所示电路,已知 $R_1=30\ \Omega, R_2=60\ \Omega, R_3=18\ \Omega, R_4=40\ \Omega, R_5=160\ \Omega, R_6=10\ \Omega, U_{S1}=6\ V, U_{S2}=10\ V, U_{S3}=14\ V$。请利用戴维南定理求电流 I。

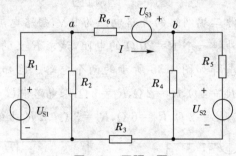

图 4-38　习题 6 图

参考答案

模块 5　单相交流电的测量

学习目标

☐ 了解正弦交流电动势的产生。
☐ 理解正弦量三要素的概念。
☐ 掌握相位的概念、相互关系以及正弦量的波形图。
☐ 掌握正弦量的相量和相量图表示。

工作任务

☐ 日光灯电路的安装和调试。
☐ 用交流电压表、电流表测量相关物理量。

实训　日光灯电路的安装与测量

做一做

一、实训目的

(1) 熟悉日光灯的工作原理及电路的连接方法。
(2) 熟悉交流电压表、电流表的用法。

二、实训器材

单相自耦变压器(0~240 V 可调)1 台,日光灯灯管(8 W)1 只,万能电路板 1 块,镇流器 1 个(与灯管配用),启辉器 1 个(与灯管配用),交流电压表 1 块,交流电流表 1 块。

三、实训步骤

(1)将日光灯管 A、镇流器 L(带铁心电感线圈)、启辉器 S 按实验线路图 5-1 所示进行连接。

(2)经教师检查后接通电源,接通市电 220 V 电源,调节自耦调压器的输出,使输出电压缓慢增大,直到日光灯刚启辉点亮为止,观察日光灯的启辉过程。

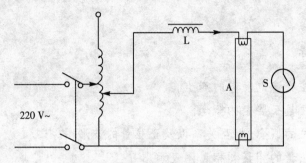

图 5-1 日光灯实验电路的安装

(3)关闭电源,按图 5-2 将交流电压表(或将万用表调至交流电压挡)、交流电流表和开关 K 接入实验电路中。先闭合开关 K,再接通电源,待日光灯亮后,记下电压表和电流表的指示值,同时测量 U_L、U_A,填入表 5-1。

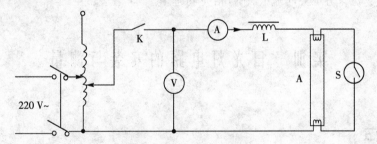

图 5-2 日光灯实验电路的测量

(4)将电压增加至 220 V,重复步骤(3),测量日光灯正常工作时电流 I、电压 U、U_L、U_A 等值。

表 5-1 日光灯电路连接实验数据

	测量数据				计算值
	I/mA	U/V	U_L/V	U_A/V	R/Ω
启辉值					
正常工作值					

(5)切断电源,整理实验器材。

四、实训分析

1. 日光灯的组成

　　日光灯电路由灯管、镇流器和启辉器三者组成。灯管是一根普通的真空玻璃管。管内充有氩气和少量水银蒸气,内壁涂有一层荧光粉,灯管两端各有一个用钨丝烧成的电丝,用以发射电子。镇流器是一个绕在硅钢片铁芯上的电感线圈,它的作用有两个:一是产生高电压以点燃灯管;二是在日光灯点燃后起限流作用。启辉器如图 5-3 所示,是一只充有氖气的玻璃泡。泡内有一对触片,一个是由热膨胀系数不同的双金属片制成的倒 U 形动触片。当触片间电压大于某一数值时,动、静触片接通,否则断开,起自动开关作用。两触片间并联一个电容器,是为了消除两触片间产生的电火花对附近无线电设备的干扰。

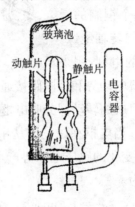

图 5-3　启辉器结构图

2. 日光灯电路的工作原理

　　日光灯电路如图 5-4 所示。接通电源,启辉器两触头间出现 220 V 电源电压,启辉器便开始辉光放电,动触头与静触头闭合,当触头碰接时,辉光随之熄灭,双金属片开始冷却,自动断开。这时,镇流器产生的高压与电源电压一起,加到灯管的两端,使它启辉,这就是日光灯工作的简单原理。

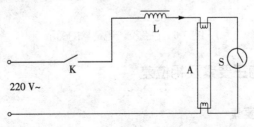

图 5-4　日光灯电路图

相关知识

一、正弦交流电路的基本概念

(一)单相正弦交流电的产生

正弦交流电通常是由交流发电机产生的,如图5-5所示是最简单的单相交流发电机的结构示意图。在静止的磁极 N 和 S 之间放有一个能转动的钢制圆柱形铁心 A,在它上面紧绕着一匝绝缘的线圈。

线圈的两端分别接到两个铜制的滑环上,滑环固定在转轴上,并与转轴绝缘。每个滑环上安放着一个静止的电刷,用来把线圈中感应出来的正弦交流电动势和外电路接通。

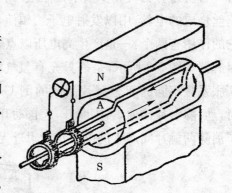

图 5-5　最简单的交流发电机的构造

由铁心、线圈、滑环等所组成的转动部分叫电枢。电枢被原动机拖动后,线圈切割磁力线而感应出电动势。当电枢在磁场中从中性面开始以等角速度 ω 旋转时,线圈内便有一个正弦规律变化的感应电动势产生,其变化情况如图 5-6 所示,这时正弦交流电动势可表示为

$$e = E_m \sin\omega t \tag{5-1}$$

由于对某一发电机而言,E_m 和 ω 都是常数,因此发电机产生的正弦交变电动势仅是时间 t 的正弦函数。

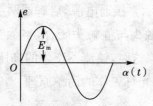

图 5-6　正弦交流电动势的图示

(二)正弦量的三要素及相位差

1. 正弦量的三要素

由式(5-1)可知,正弦交流电的大小和方向是随时间变化的,我们把交流电在某一时刻的值称为瞬时值,用小写字母 u、i、e 分别表示正弦电压、电流、电动势的瞬时值。现以电压为例说明正弦量的数学表达式和三要素。

如果电压 u 随时间变化,则可以说电压 u 与时间 t 之间具有函数关系,电压 u 与时间 t 的关系曲线称为波形图。图 5-7 给出了一个正弦电压 u 的波形图,图中 T 为电压 u 变化一周所需的时间,称为周期,其单位为秒(s)。周期的倒数,即电压在单位时间内变化的次数,称为频率,用 f 表示。显然

$$f = \frac{1}{T} \text{ 或 } T = \frac{1}{f} \tag{5-2}$$

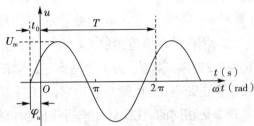

图 5-7 正弦电压波形图

频率的单位为赫兹(Hz),简称赫。我国和大多数国家都采用 50 Hz 作为电力系统的供电频率,有些国家(如美国、日本等)采用 60 Hz,这种频率习惯上称为工频(工业频率)。无线电技术使用的频率则比较高,其单位常用千赫(kHz)和兆赫(MHz)表示。

$$1 \text{ kHz} = 10^3 \text{ Hz}, 1 \text{ MHz} = 10^6 \text{ Hz}$$

对于图 5-7 所示的正弦电压 u,其瞬时值可用正弦函数表示,即

$$u = U_m \sin(\omega t + \varphi_u) \tag{5-3}$$

由上式可知,对于一个正弦电压 u,如果 U_m、ω、φ_u 为已知,则电压 u 与时间 t 的函数关系就是唯一确定的,因此,U_m(最大值)、ω(角频率)、φ_u(初相位)称为正弦电压 u 的三要素,现分述如下。

(1)角频率。式(5-3)中的 ω 在数值上等于单位时间内正弦函数辐角的增加值,称为角频率,它的单位为弧度每秒(rad/s)。由于在一个周期 T 秒内辐角增加 2π 弧度,因此

$$\omega = \frac{2\pi}{T} = 2\pi f \tag{5-4}$$

式(5-4)表明了正弦量的角频率 ω 与周期 T、频率 f 之间的关系。ω 与周期 T、频率 f 都是表示正弦量变化快慢的物理量,只要知道其中的一个,另外两个量就可求得。

(2)幅值。由于正弦函数的最大值为 1,因此式(5-3)中的 U_m 为电压瞬时值的最大值,称为幅值(也叫最大值)。用带下标 m 的大写字母表示幅值,正弦电流和电动势的幅值分别用 I_m、E_m 表示。

(3)初相位。式(5-3)中正弦函数的辐角 $(\omega t + \varphi_u)$ 实际上是正弦量随时间

变化的核心部分,它决定着正弦量变化进程,称为正弦量的相位角,简称相位。$t=0$ 时的相位角 φ_u 称为初相角或初相位。

$t=0$ 时的电压值,即电压的初始值,为

$$u(0) = U_m \sin\varphi_u$$

可见,初相位反映出正弦量的初始值。相位和初相位的单位为弧度(rad),但在工程上为了方便,也常用度(°)表示。

初相的大小与计算时间的起点有关。在正弦量的相位角中加上或减去 2π,其函数值不变,习惯上把初相位的取值范围定为 $(-\pi \sim +\pi)$。

由上述可知,角频率(或频率)、幅值、初相位是确定一个正弦量的三要素。在电路分析中,所谓求某一个正弦电量,也就是求出它的三要素。而在正弦交流电路中,由于各正弦量的频率是相同的,往往只要求得幅值和初相位就可以了。

例 5-1 已知正弦电流 i 的幅值为 $I_m = 10$ A,频率 $f = 50$ Hz,初相位 $\varphi = -45°$。(1)求此电流的周期和角频率;(2)写出电流 i 的三角函数表达式,并画出波形图。

解 (1)周期 $T = \dfrac{1}{f} = \dfrac{1}{50} = 0.02(\text{s})$;

角频率 $\omega = 2\pi f = 2 \times 3.14 \times 50 = 314(\text{rad/s})$。

(2)三角函数表达式

$$i = I_m \sin(\omega t + \varphi) = 10\sin(314t - 45°)\text{A}$$

作波形图以 ωt(rad)为横坐标较为方便,电流的波形图如图 5-8 所示。

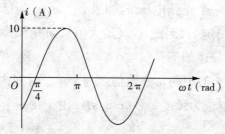

图 5-8 例 5-1 电流波形图

2. 相位差

在分析正弦交流电路时,经常要比较两个同频率正弦量之间的相位。两个同频率正弦量的相位角之差称为相位差。图 5-9 所示为两个同频率的正弦电流 i_1 和 i_2 的波形图,它们的瞬时值表达式分别为

$$i_1 = I_{1m}\sin(\omega t + \varphi_1),\ i_2 = I_{2m}\sin(\omega t + \varphi_2)$$

如果以 φ 表示它们的相位差,则

$$\varphi = (\omega t + \varphi_1) - (\omega t + \varphi_2) = \varphi_1 - \varphi_2 \qquad (5-5)$$

式(5-5)表明,相位差与时间无关,在任何瞬间,两个同频率的正弦量之间的

相位差总是一个常数,就等于它们的初相位之差。两个正弦量的相位差不为零,则说明它们不同时到达零值或最大值。

式(5-5)中,如果 $\varphi = \varphi_1 - \varphi_2 > 0$,如图 5-9 所示,电流 i_1 比电流 i_2 先到达正的最大值,我们就说电流 i_1 比电流 i_2 超前 φ 角,或者说电流 i_2 比电流 i_1 滞后 φ 角。反之,如果 $\varphi = \varphi_1 - \varphi_2 < 0$,则情况与上述相反,电流 i_1 比电流 i_2 滞后 φ 角,或者说电流 i_2 比电流 i_1 超前 φ 角。所谓"超前"和"滞后",是反映各正弦量变化进程的差异,并非指它们发生或出现的先后。为了使超前、滞后的概念更确切,规定相位差的主值范围为($-\pi \sim +\pi$)。

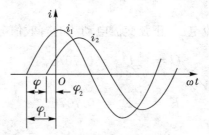

图 5-9　正弦量的相位差

如果两个同频率正弦量的初相位相同,则 $\varphi = \varphi_1 - \varphi_2 = 0$,相位差为零,则我们说这两个正弦量同相位,简称同相。例如,在图 5-10(a)中,电流 i_1 与电流 i_2 同相,它们同时到达零值或最大值。

如果 $\varphi = \varphi_1 - \varphi_2 = \dfrac{\pi}{2}$,则称两个正弦量相位正交,如图 5-10(b)所示。

如果 $\varphi = \varphi_1 - \varphi_2 = \pi$,则称两个正弦量相位相反,或称反相,如图 5-10(c)所示。

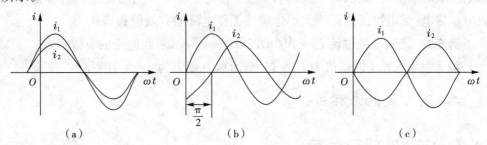

图 5-10　几种特殊的相位差

在正弦交流电路的分析和计算中,任意指定某正弦量的初相为零,该正弦量称为参考正弦量,其他正弦量的初相位则根据相互关系来相对确定。

应当注意,当两个正弦量频率不同时,它们的相位差将是时间的函数。

(三)正弦量的有效值

由于正弦交流电的大小和方向都随着时间的变化而改变,为方便起见,工程中常用有效值来计量正弦交流电的大小。有效值是按照周期电流 i 与某个直流电流 I 热效应相等的观点来定义的。

以交流电流为例,当某一交流电流和一直流电流分别通过同一电阻 R 时,如果在一个周期 T 内产生的热量相等,那么这个直流电流 I 的数值叫作交流电流的有效值。有效值用相应的大写字母表示。

通过推导可知,如果正弦交流电流 $i = I_m\sin(\omega t + \varphi_i)$,则其有效值 I 与最大值 I_m 之间的关系为

$$I = \frac{1}{\sqrt{2}}I_m = 0.707 I_m \tag{5-6}$$

同理,可得正弦交流电压、正弦交流电动势的有效值分别为

$$U = \frac{1}{\sqrt{2}}U_m = 0.707 U_m \tag{5-7}$$

$$E = \frac{1}{\sqrt{2}}E_m = 0.707 E_m \tag{5-8}$$

就是说,正弦量的有效值等于它的最大值除以 $\sqrt{2}$,与角频率和初相无关。例如,日常使用的正弦交流电 220 V 是交流电压的有效值,则其最大值 $U_m = \sqrt{2} \times 220 = 311(V)$。但应注意,这种关系只对正弦量适用,对其他交变电压或电流则不适用。

引入有效值的概念后,正弦量的瞬时值表达式可写成

$$u = \sqrt{2}U\sin(\omega t + \varphi_u) \tag{5-9}$$

在交流电路中,一般所讲电压或电流的大小都是指有效值。一般交流电压表和电流表的读数,也是被测电量的有效值,电气设备铭牌上的额定值等都是指有效值。输电、配电导线截面的大小也应按工作电流的有效值查表选用。

例 5-2 已知正弦电流 $i = 10\sin(314t - 45°)$ A,求此电流的有效值。

解 因为电流 i 的幅值为 $I_m = 10$ A,所以有效值为 $I = 0.707 I_m = 7.07$ A。

二、正弦量的表示法

(一)正弦量的相量表示

在分析电路时,经常会遇到电量的加、减、求导及积分等运算。如果正弦电压和电流都用时间的正弦函数来表示,运算过程将比较繁琐,电路稍复杂,会变得难以应付。为了解决这个问题,工程上采用数学中的复数来表示同频率的正弦量,它将使正弦交流电路的分析和计算大为简化。

1. 复数的基本概念

一个复数 A 可以表示成代数形式

$$A = a + jb \tag{5-10}$$

式中，a 称为 A 的实部，b 称为 A 的虚部。$j=\sqrt{-1}$，称为虚数单位（它在数学中用 i 表示，在电工技术中已用 i 表示电流，故改用 j 表示）。

复数 A 可以用复平面上的矢量 $\overline{OA}$ 表示，$\overline{OA}$ 在实轴的投影就是实部 a，$\overline{OA}$ 在虚轴的投影就是虚部 b，如图 5-11 所示。矢量 $\overline{OA}$ 的长度就是复数的模，用 $|A|$ 表示；矢量 $\overline{OA}$ 与实轴正向的夹角 φ 称为复数的辐角。

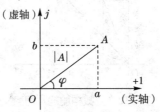

图 5-11 复数的矢量表示

复数的模和辐角可由其实部和虚部求得，由图 5-11 可知

$$|A| = \sqrt{a^2+b^2}, \quad \varphi = \arctan\frac{b}{a} \tag{5-11}$$

一个复数也可表示为三角函数形式，由图 5-11 可知

$$a = |A|\cos\varphi, \quad b = |A|\sin\varphi \tag{5-12}$$

2. 复数的四种形式

(1) 复数的代数形式

$$A = a + jb$$

(2) 复数的三角形式

$$A = |A|\cos\varphi + j|A|\sin\varphi = |A|(\cos\varphi + j\sin\varphi)$$

(3) 复数的指数形式

$$A = |A|e^{j\varphi}$$

(4) 复数的极坐标形式

$$A = |A|\angle\varphi$$

例 5-3 把下列复数化为指数形式和极坐标形式。

(1) $A = 40 - j30$；(2) $A = -9.65 + j5.26$。

解 (1) $A = 40 - j30 = 50\angle-37° = 50e^{-j37°}$；

(2) $A = -9.65 + j5.26 = 11\angle 151.4° = 11e^{j151.4°}$。

3. 复数的运算

(1) 复数的加减。复数的相加（或相减）必须用代数形式进行。设有两个复数

$$A_1 = a_1 + jb_1, \quad A_2 = a_2 + jb_2$$

则两复数之和为

$$A = A_1 + A_2 = (a_1 + jb_1) + (a_2 + jb_2) = (a_1 + a_2) + j(b_1 + b_2)$$

两复数相加可以在复平面上用平行四边形法则求和的方法。由图 5-12 可知，以矢量 OA_1 和 OA_2 为邻边作平行四边形，其对角线 OA 恰好表示复数 $A = A_1 + A_2$ 的矢量。

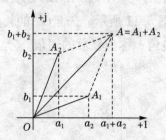

图 5-12 复数相加的几何意义

(2) 复数的乘除。复数的乘（或除）运算，一般采用指数（或极坐标）形式较为方便。设有两个复数

$$A_1 = a_1 + jb_1 = |A_1| \angle \varphi_1, A_2 = a_2 + jb_2 = |A_2| \angle \varphi_2$$

则

$$A_1 \cdot A_2 = |A_1| \angle \varphi_1 \cdot |A_2| \angle \varphi_2 = |A_1||A_2| \angle (\varphi_1 + \varphi_2)$$

$$\frac{A_1}{A_2} = \frac{|A_1| \angle \varphi_1}{|A_2| \angle \varphi_2} = \frac{|A_1|}{|A_2|} \angle (\varphi_1 - \varphi_2)$$

即复数相乘时，模相乘，辐角相加；复数相除时，模相除，辐角相减。

例 5-4 已知两复数 $A_1 = 6 + j8, A_2 = 4 + j4$，求：

(1) $A_1 + A_2$；(2) $A_1 - A_2$；(3) $A_1 \cdot A_2$；(4) $\dfrac{A_1}{A_2}$。

解 (1) $A_1 + A_2 = (6 + j8) + (4 + j4) = 10 + j12$；

(2) $A_1 - A_2 = (6 + j8) - (4 + j4) = 2 + j4$；

复数的乘除常采用极坐标形式，由于

$A_1 = 6 + j8 = 10 \angle 53°, A_2 = 4 + j4 = 4\sqrt{2} \angle 45°$；

所以

(3) $A_1 \cdot A_2 = 10 \angle 53° \times 4\sqrt{2} \angle 45° = 56.56 \angle 98°$；

(4) $\dfrac{A_1}{A_2} = \dfrac{10 \angle 53°}{4\sqrt{2} \angle 45°} = 1.77 \angle 8°$。

4. 正弦量的相量表示

正弦量的相量表示就是用一个复数来表示正弦量。对于正弦电压 $u = U_m \sin(\omega t + \varphi_u)$，我们构成这样一个复数，它的模为 U_m，辐角为 φ_u。这个复数就称为电压 u 的幅值相量，记作 $\dot{U}_m$，即

$$\dot{U}_{\mathrm{m}} = U_{\mathrm{m}}e^{j\varphi_{\mathrm{u}}} = U_{\mathrm{m}}\angle\varphi_{\mathrm{u}} \qquad (5-13)$$

复数 $\dot{U}_{\mathrm{m}}$ 就是表示正弦电压的相量,上面加的小圆点是用来与一般复数相区别的记号,以强调它是与一个正弦量相联系的。在运算过程中,相量与一般复数没有区别。

要求解一个正弦量,必须求得它的三要素。但正弦交流电路处于稳定状态时,如果所有的正弦量都是同频率的,那么电路中各部分的电压或电流的频率也都相同,因此,我们只要分析另两个要素——幅值(或有效值)及初相位就可以了。

模采用正弦量幅值的相量称为最大值相量,实际应用中往往采用有效值相量,即相量的模采用正弦量的有效值,如 $\dot{I} = I\angle\varphi_{\mathrm{i}},\dot{U} = U\angle\varphi_{\mathrm{u}}$。显然,最大值相量和有效值相量间有如下关系

$$\dot{I}_{\mathrm{m}} = \sqrt{2}\dot{I}, \dot{U}_{\mathrm{m}} = \sqrt{2}\dot{U}$$

一个正弦量与它的相量是一一对应的,而且这种对应关系非常简单。如果已知正弦量,可以方便地构成它的相量;反之,若已知相量和频率(或角频率),即可写出正弦量的函数表达式。应该注意 $\dot{U}_{\mathrm{m}} \neq u$。

(二)正弦量的相量图

1. 正弦量的相量图

通过复数的学习,已经知道复数可以在复平面上用矢量表示。因此,相量 $\dot{U}_{\mathrm{m}}$ 在复平面上可以用长度为 U_{m},与实轴正向夹角为 φ_{u} 的矢量表示,如图 5-13 所示。有时为简便起见,实轴和虚轴可省去不画。相量在复平面上的图示称为相量图。

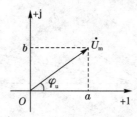

图 5-13 电压的相量图

2. 同频率正弦量求和运算

在分析正弦交流电路时,常遇到两个(或两个以上)同频率量求和的问题。例如,对于图 5-14 所示电路,若已知两个频率相同的电流 $i_1 = I_{1\mathrm{m}}\sin(\omega t + \varphi_1)$, $i_2 = I_{2\mathrm{m}}\sin(\omega t + \varphi_2)$,求总电流 i。

根据基尔霍夫电流定律有 $i = i_1 + i_2$。对于两个同频率的正弦电流,如果直接用三角函数式求和,运算将会相当烦琐。但运算结果表明,总电流 i 也是一个

同频率的正弦量,因此只要求得电流的幅值和初相位就可以了。

可以证明,若 $i=i_1+i_2$,且 i_1、i_2 为同频率的正弦电流,则总电流 i 仍为频率不变的正弦电流,而且表示电流 i 的相量为

$$\dot{I}_m = \dot{I}_{1m} + \dot{I}_{2m} \tag{5-14}$$

式中,$\dot{I}_{1m}$、$\dot{I}_{2m}$ 分别为电流 i_1、i_2 的幅值相量。

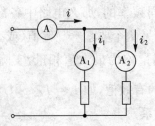

图 5-14 同频率正弦量求和

根据上述结论,我们可以用相量求和的办法求得同频率正弦量之和,而避免烦琐的三角函数运算。

相量求和实际上是复数的求和运算,也可在复平面上作相量图,像图 5-12 那样用平行四边形法则求得和的相量。必须注意的是,式(5-14)的结论只适用于同频率的正弦量,因而也只有同频率正弦量的相量才可以画在同一个相量图中进行比较或相加。

例 5-5 如图 5-14 所示正弦交流电路,已知电流

$$i_1 = 10\sqrt{2}\sin(314t - 30°) \text{ A}$$
$$i_2 = 20\sqrt{2}\sin(314t + 30°) \text{ A}$$

求总电流 i。

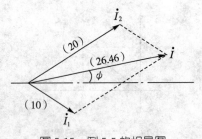

图 5-15 例 5-5 的相量图

解 由基尔霍夫电流定律可得

$$i = i_1 + i_2$$

由于 i_1、i_2 为同频率的正弦量,故可用相量求解。

因为 $\dot{I}_1 = 10\angle -30° \text{ A}, \dot{I}_2 = 20\angle 30° \text{ A}$

作相量图如图 5-15,可用几何的方法求得

$$I = 26.46 \text{ A}, \varphi = 10.89°$$

也可用有效值相量运算

$\dot{I} = \dot{I}_1 + \dot{I}_2 = 10\angle-30° + 20\angle 30° = 15\sqrt{3} + \text{j}5 = 26.46\angle 10.89°$ A

由于 i 为同频率的正弦量,因此

$$i = 26.46\sqrt{2}\sin(314t + 10.89°) \text{ A}$$

思考与练习

1. 写出下列正弦电压和电流的解析式。

(1) $U_\text{m} = 311$ V, $\omega = 314$ rad/s, $\varphi = -30°$;

(2) $I_\text{m} = 10$ A, $\omega = 10$ rad/s, $\varphi = 60°$。

2. 下列正弦量的振幅、频率和初相各为多少?

(1) $u = 20\sin(314t - 30°)$ V; (2) $i = 100\sin(100t + 70°)$ A。

3. 已知 $u_1 = 100\sin(628t + 45°)$ V, $u_2 = 141\sin(628t - 30°)$ V, 求这两个电压的相位差。

4. 将下列复数写成代数形式。

(1)$10\angle 60°$;(2)$5\angle -90°$;(3)$10\angle 127°$;(4)$20\angle -30°$。

5. 将下列复数写成极坐标式。

(1)$3+\text{j}4$;(2)$2+\text{j}$;(3)$12-\text{j}16$;(4)$5-\text{j}8.66$;(5)$\text{j}2$。

6. 已知 $A_1 = 8\angle -30°$, $A_2 = 10\angle 60°$, 求 $A_1 + A_2$、$A_1 - A_2$、$A_1 \cdot A_2$、$\dfrac{A_1}{A_2}$。

7. 用相量法求下列各组正弦量之和及之差,并画出相量图。

(1)$u_1 = 311\sin(\omega t + 30°)$ V, $u_2 = 141\sin(\omega t - 60°)$ V;

(2)$i_1 = 14.1\sin(\omega t + 45°)$ A, $i_2 = 28.2\sin(\omega t - 45°)$ A。

8. 把下列各正弦量化为相对应相量,并画出相量图。

(1) $u = 100\sqrt{2}\sin(\omega t + 30°)$ V;

(2) $i = 3\sqrt{2}\sin(\omega t - 45°)$ A。

参考答案

模块6　认识电阻、线圈、电容器

学习目标

□ 掌握纯电阻电路、纯电感电路、纯电容电路中正弦电压和正弦电流相量的关系。
□ 掌握绘制电压、电流相量图的方法。
□ 掌握有功功率、无功功率、瞬时功率的概念和计算方法。
□ 了解电感元件、电容元件贮存电场、磁场能量的特性及计算公式。

工作任务

□ 测试电阻器、空心线圈、电容器的电压与电流的关系。
□ 用交流电压表、电流表测量相关物理量。

实训　交流电路中 R、L、C 元件伏安特性的测定

一、实训目的

(1) 掌握电阻器、空心线圈、电容器的电压与电流的测试方法。
(2) 掌握交流电流表、交流电压表、单相调压器(交流调压电源)的使用方法。
(3) 学会绘制实验曲线,分析实验数据。

二、实训器材

50 Hz 单相调压器(3～24 V 可调)1 台,电阻器(1 kΩ)1 只,空心线圈(350 mH)1 只,电容器(40 μF)1 只,交流电压表(～50 V)1 块,交流电流表(～300 mA、～50 mA)2 块。

三、实训步骤

测试 R、L、C 电路电压与电流的关系:改变调压器的输出电压,用交流电压表和交流电流表测量加在 R、L、C 元件上的电压与流过电路的电流的关系,从而验证交流元件的伏安特性。实训电路如图 6-1 所示。

1. 测试电阻器电压与电流关系

(1)根据图 6-1 连接实训电路(选择 1 kΩ 电阻器及量程为 50 mA 交流电流表)。

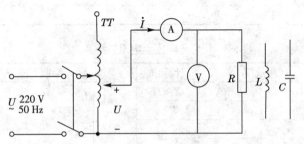

图6-1　R、L、C 伏安特性测试实训电路

(2)调节调压器滑动端位置,使其输出电压分别为表 6-1 中的数值,分别测量电阻器在不同电压下的电流数值,记录于表 6-1 中。

表6-1　电阻器电压与电流关系实验数据

调压器输出	测量值		计算值	绘制 $U_R - I_R$ 曲线
	U/V	I/mA	R/Ω	
6 V				
9 V				
12 V				
15 V				
18 V				
21 V				
24 V				
给定标称值	R=			

2. 测试空心线圈、电容器电压和电流的值

(1)根据实训电路如图 6-1 所示,分别用空心线圈和电容器代替图中电阻器,连接电路。

(2)调节调压器滑动端位置,记下在不同电压下电流表和电压表的数值,记录于表 6-2、表 6-3 中。

表 6-2 空心线圈电压与电流关系实验数据

调压器输出	测量值		计算值	绘制 U_L-I_L 曲线
	U/V	I/mA	X_L/Ω	
6 V				
9 V				
12 V				
15 V				
18 V				
21 V				
24 V				
给定标称值	L=		X_L=	

表 6-3 电容器电压与电流关系实验数据

调压器输出	测量值		计算值	绘制 U_C-I_C 曲线
	U/V	I/mA	X_C/Ω	
6 V				
9 V				
12 V				
15 V				
18 V				
21 V				
24 V				
给定标称值	C=		X_C=	

(3)切断电源,整理实验器材。

四、实训分析

(1)完成电阻器(R)、空心线圈(L)、电容器(C)的电压与电流的大小关系计算。

(2)根据实验记录数据,在表 6-1、表 6-2、表 6-3 中,以电压为横坐标、电流为纵坐标作出 R、L、C 元件电压与电流关系曲线。

单一元件的正弦电路

在正弦交流电路中,无源元件除电阻元件外,还有电感元件和电容元件。严格来说,只包含单一参数的理想电路元件是不存在的。但当一个实际元件中只有一个参数起主要作用时,可以近似地把它看成单一参数的理想电路元件。例如,电阻炉和白炽灯可看作理想电阻元件;介质损耗很小的电容器可看作理想电容元件。一个实际电路可能比较复杂，但一般来说，除电源以外，其余部分可以用单一参数电路元件组成其电路模型。因此，我们先讨论单一参数电路元件的正弦交流电路，分析电路中电压、电流的有效值（或幅值）之间以及它们的初相位之间的关系，讨论电路中的功率和能量转换问题等。

为方便起见，在讨论正弦交流电路时，可以在几个同频率正弦量中，令其中某一个正弦量的初相位为零，这个正弦量称为参考正弦量，它的相量称为参考相量。选定参考正弦量后，并不改变各正弦量之间的相互联系，因此不会影响电路分析的结果。

(一) 纯电阻电路

只考虑电阻作用的电路称为纯电阻电路，实际上，白炽灯、电炉等都可以看作纯电阻元件，仅含有这类元件的电路就可以看作纯电阻电路。

1. 电阻元件

电阻是表征电路中消耗电能的理想元件。当电路的某一部分只存在电能的消耗而没有电场能量和磁场能量储存的话，这一部分便可用理想电阻元件来代替。电阻除表示元件名称外，还经常用来表明该元件的参数，即阻值。

$$R = \rho \frac{l}{S} \tag{6-1}$$

电阻元件的阻值与材料和尺寸有关，ρ 为电阻率，l 为长度，S 为截面积。理想电阻元件端电压与流过其中的电流成正比，可用欧姆定律来描述，如图 6-2 所示，在选择关联参考方向的前提下，$R = \frac{u}{i}$。阻值不随电压（电流）改变的电阻，称为线性电阻。

电阻的电功率

$$P = UI = I^2 R = \frac{U^2}{R}$$

在 t 时间内消耗的电能

$$W = Pt$$

2. 电阻元件的电流与电压关系

若选择电流为参考正弦量，则

$$i = I_m \sin\omega t \tag{6-2}$$

根据欧姆定律，在选择如图 6-2 所示参考方向一致的情况下

$$u = Ri = RI_m \sin\omega t \tag{6-3}$$

因此

$$U_m = RI_m \text{ 或 } U = RI \tag{6-4}$$

若用相量表示,则

$$\dot{U} = \dot{I}R \text{ 或 } \dot{U}_m = \dot{I}_m R \tag{6-5}$$

由以上分析可知,电阻两端电压与流过其中电流的关系为:

(1)电压和电流同频率。

(2)电压和电流同相位。

(3)电压和电流的有效值与最大值均符合欧姆定律。

(4)式(6-5)称为相量形式的欧姆定律。

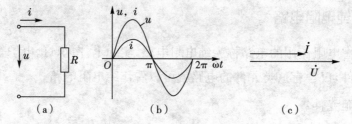

图 6-2 电阻元件的交流电路

3. 纯电阻电路的功率

(1)瞬时功率。交流电路某一瞬时的功率,称为瞬时功率,用 p 表示。纯电阻电路的瞬时功率,在关联参考方向下为

$$p = ui = U_m I_m \sin^2 \omega t = UI(1 - \cos 2\omega t) \tag{6-6}$$

由上式可知,瞬时功率的变化频率是电流或电压频率的 2 倍,其波形如图 6-3 所示。在任何瞬间,$p \geq 0$,表明电阻元件在任何瞬间都消耗电能。

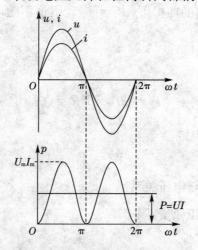

图 6-3 电阻元件的功率

(2)有功功率。在电工技术中,需要计算和测量电路的平均功率。平均功率是电路中实际消耗的功率,又称有功功率,用大写字母 P 表示,其值等于瞬时功率

在一个周期内的平均值,即

$$P = \frac{1}{T}\int_0^T p\,\mathrm{d}t = \frac{1}{T}\int_0^T UI(1-\cos 2\omega t)\,\mathrm{d}t = UI$$

由于 $U = IR$,所以

$$P = UI = I^2 R = \frac{U^2}{R} \qquad (6-7)$$

式(6-7)表明,交流电路中电阻上消耗的平均功率计算公式的形式与直流电路相同,所不同的是,在交流电路中,符号 U、I 表示交流电压、电流的有效值。

例 6-1 已知一白炽灯,工作时的电阻为 484 Ω,其两端的正弦电压为 $u = 311\sin(\omega t - 60°)$ V。试求:(1)通过白炽灯的电流相量及瞬时值表达式;(2)白炽灯工作时的功率。

解 (1)因电压相量为

$$\dot{U} = U\angle\varphi = \frac{311}{\sqrt{2}}\angle -60° = 220\angle -60°(\text{V})$$

所以电流相量为

$$\dot{I} = \frac{\dot{U}}{R} = \frac{220\angle -60°}{484} \approx 0.45\angle -60°(\text{A})$$

电流瞬时值表达式

$$i = 0.45\sqrt{2}\sin(\omega t - 60°)(\text{A})$$

(2)平均功率

$$P = UI = 220 \times 0.45 = 100(\text{W})$$

(二)纯电感电路

1. 电感元件

理想元件中,除电阻元件外,还有电感元件和电容元件。电感元件通常用来作为实际线圈的模型。

(1)电感定义。一个线圈通电后要产生电流,电流要产生磁通 Φ。如果线圈为 N 匝,则总磁通(磁链)$\Psi = N\Phi$,线圈产生的磁链与电流成正比,比值用 L 表示,称为自感系数,简称电感。

$$L = \frac{\Psi}{i} \qquad (6-8)$$

若 L 为常数,则称为线性电感。电感的国际单位为亨利,简称亨(H)。有时也采用毫亨(mH)或微亨(μH)。

$$1\text{ mH} = 10^{-3}\text{ H}, \quad 1\text{ μH} = 10^{-6}\text{ H}$$

(2)电感元件电压和电流的基本关系。当电感中的电流 i 随时间变化时,根

据电磁感应定律,变化的磁通要产生感应电动势。由楞次定律可知,产生的感应电动势与磁通对时间的变化率成正比,即

$$e = -\frac{d\Psi}{dt} = -L\frac{di}{dt}$$

因此

$$u = -e = L\frac{di}{dt} \qquad (6-9)$$

它表明:①任一时刻电感的电压与该时刻电流的变化率有关,而与电流的大小无关。②电流变化快,则电感电压高;反之,电流变化慢,则电感电压低。③当电流不随时间变化,即在直流电路中 $\frac{di}{dt}=0$,此时虽有电流,但电压为零,因此,在直流电路中,电感元件相当于短路。

(3) 电感元件贮存的磁场能。电感的瞬时功率 $P = ui = Li\frac{di}{dt}$,当 $P > 0$,电感吸收功率;当 $P < 0$,电感发出功率。这是一个电能转换成磁场能又由磁场能转换成电能的过程。

如果从 $t=0$ 到 t 这段时间内,电流从 0 增大到 i,则从外部输入的电能为

$$W_L = \int_0^t p\,dt = \int_0^t ui\,dt = \int_0^i Li\,di = \frac{1}{2}Li^2 \qquad (6-10)$$

上述能量将转化为磁场能量贮存于电感的磁场中。

当 L 的单位为 H,i 的单位为 A,W_L 的单位为 J(焦耳)。

2. 电感元件的电流与电压关系

若电感元件及两端电压如图 6-4(a) 所示,设

$$i = I_m \sin\omega t$$

由式(6-9)得

$$u = L\frac{di}{dt} = L\frac{d(I_m \sin\omega t)}{dt} = \omega L I_m \cos\omega t = \omega L I_m \sin(\omega t + 90°) \qquad (6-11)$$

由式(6-11)得

$$U_m = \omega L I_m \quad \text{或} \quad U = \omega L I \qquad (6-12)$$

据式(6-12)有

$$\frac{U_m}{I_m} = \frac{U}{I} = \omega L = 2\pi f L = X_L \qquad (6-13)$$

可见,电压和电流的最大值或有效值之间有类似欧姆定律的关系。将 X_L 称为交流电路中电感元件的感抗,它具有和电阻同样的单位——欧姆(Ω)。感抗是表征电感元件在交流电路中对电流阻碍作用的物理量。在 L 一定的情况下,感抗与频率成正比,频率越高,感抗越大,因此电感线圈对高频电流的阻碍作用大。当

$f=0$（即直流），$X_L=0$，电感相当于短路。

电感元件上的电流和电压也可用相量来表示。由于电流为参考正弦量，则电流相量为 $\dot{I}=I\angle 0°$，而由式(6-11)可得电压相量为 $\dot{U}=U\angle 90°$，因此

$$\dot{U}=U\angle 90°=X_L I\angle 90°=X_L \dot{I}\angle 90°=jX_L\dot{I} \qquad (6-14)$$

由以上分析可得到电感元件端电压与电流的关系如下：

(1) 电压与电流的频率相同。

(2) 电压在相位上超前电流 $90°$。

(3) 电感电压和电流的最大值（或有效值）之间的关系为：$U_m=X_L I_m$，$U=X_L I$。

(4) 电感电压和电流相量间的关系为：$\dot{U}_m=jX_L\dot{I}_m$，$\dot{U}=jX_L\dot{I}$。

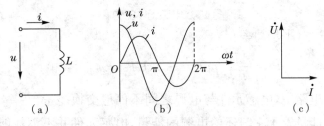

图 6-4　电感元件的交流电路

3. 纯电感电路的功率

(1) 瞬时功率。由于瞬时功率为瞬时电压与瞬时电流的乘积，因此

$$\begin{aligned}p=ui&=U_m\sin(\omega t+90°)\cdot I_m\sin\omega t=U_m I_m\sin(\omega t+90°)\sin\omega t\\&=U_m I_m\cos\omega t\sin\omega t=\sqrt{2}U\cdot\sqrt{2}I\cos\omega t\sin\omega t=UI\sin 2\omega t=I^2 X_L\sin 2\omega t\end{aligned}$$

$$(6-15)$$

由式(6-15)可以看出，纯电感电路的瞬时功率仍以正弦规律变化，但其角频率是电感电压或电流角频率的 2 倍。电感的瞬时功率有"正"有"负"。如图 6-5 所示，在第 1 个和第 3 个 1/4 周期内，$p>0$，表明电感元件从电源吸收功率，并将其转换成磁场能贮存起来；在第 2 个和第 4 个 1/4 周期内，$p<0$，表明此时电感将磁场能又转换成电能送回到电源去。可见，纯电感元件不消耗电能，只是与电源间不断地进行能量交换。

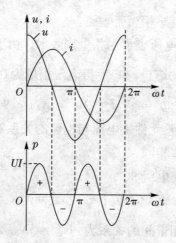

图 6-5 电感元件的功率

(2)有功功率(平均功率)

$$P = \frac{1}{T}\int_0^T p\,dt = \frac{1}{T}\int_0^T UI\sin 2\omega t\,dt = 0$$

正弦交流电路中,电感元件与电源之间不停地交换能量,在一个周期内电感从电源取用的能量等于它归还给电源的能量,电感元件并不消耗能量,它不是一个耗能元件,而是一个贮能元件。

(3)无功功率。电容所吸收的平均功率虽为零,但由于电容和电源间存在着能量交换,因此瞬时功率不为零。为了衡量这种能量交换的程度,工程上常用式(6-15)中瞬时功率的最大值来度量,称为电感的无功功率,用 Q_L 表示,即

$$Q_L = UI = I^2 X_L = \frac{U^2}{X_L} \quad (6-16)$$

为了区别于有功功率的单位,无功功率的单位用乏(Var)或千乏(kVar)。

例 6-2 在图 6-4(a)所示电路中,设 L 为一纯电感,且 $L=70$ mH,若电感两端电压 $u = 220\sqrt{2}\sin(314t+30°)$ V,求电感中电流 i 及无功功率 Q_L,并画出相量图。

解 (1) $\dot{U} = 220\angle 30°$ (V), $X_L = \omega L = 314 \times 0.07 \approx 22$ (Ω);

$$\dot{I} = \frac{\dot{U}}{jX_L} = \frac{220\angle 30°}{j22} = 10\angle -60° \text{(A)};$$

$i = 10\sqrt{2}\sin(314t-60°)$ A。

(2) $Q_L = UI = 220 \times 10 = 2200$ (Var)。

(3)相量图如图 6-6 所示。

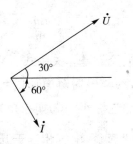

图 6-6 例 6-2 相量图

(三)纯电容电路

1. 电容元件

(1)电容的定义。电容是用来表征电路中电场能量储存这一物理性质的理想元件。在两块金属板中间隔以绝缘介质,就可构成一个简单的电容器,如图 6-7 所示。当它两端加有电压 u 后,它的两个极板就会分别聚集起等量异号的电荷 q。这些等量异号的电荷在介质中形成电场,贮存能量,电压越高,聚集的电荷越多,产生的电场越强,贮存的能量也越多。q 与 u 的比值称为电容,用 C 表示。

$$C = \frac{q}{u} \tag{6-17}$$

C 为常数的称为线性电容。若电荷的单位用 C(库仑),电压的单位用 V(伏特),则电容的单位为 F(法拉),简称法。实际上,电容器的电容往往比 1 F 小得多,通常用微法(μF)或皮法(pF)为单位。

$$1\ \mu F = 10^{-6}\ F,\ 1\ pF = 10^{-12}\ F$$

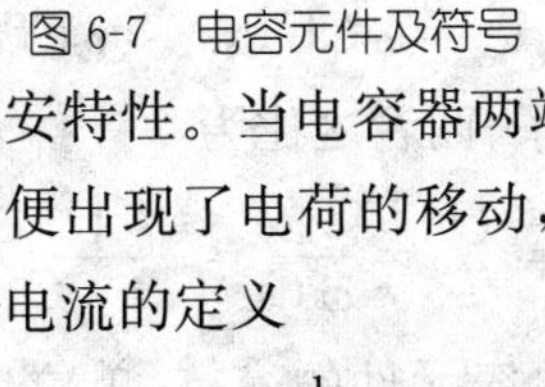

图 6-7 电容元件及符号

(2)电容元件瞬时值的伏安特性。当电容器两端电压随时间变化时,极板两端电荷也将随之变化,电路中便出现了电荷的移动,即产生了电流。如选择电流和电压的参考方向一致,根据电流的定义

$$i = \frac{\mathrm{d}q}{\mathrm{d}t}$$

将式(6-17)代入,得

$$i = C\frac{\mathrm{d}u}{\mathrm{d}t} \tag{6-18}$$

上式为电容元件电压和电流的基本关系式。它表明：①任何时刻电容中的电流与它的端电压变化率有关，而与该时刻电压的大小无关。②电压变化快，通过的电流大；电压变化慢，通过的电流小。③如果电压恒定不变，即直流情况下，此时 $\frac{\mathrm{d}u}{\mathrm{d}t}=0$，则 $i=0$，因此，对于直流，电容相当于开路。

(3) 电容元件贮存的电场能。任一时刻电容两端电压与其中电流的乘积称为瞬时功率。

$$p = ui = Cu\frac{\mathrm{d}u}{\mathrm{d}t}$$

当 $p>0$，说明此时电容从外部吸收电功率；当 $p<0$，说明此时电容向外部输出电功率。这是一个由电能转成电场能又由电场能转成电能的过程。

如果从 $t=0$ 到 t 这段时间内，电压从 0 增大到 u，则从外部输入的电能为

$$W_C = \int_0^t p\,\mathrm{d}t = \int_0^t ui\,\mathrm{d}t = \int_0^u Cu\,\mathrm{d}u = \frac{1}{2}Cu^2 \tag{6-19}$$

电容所吸收的能量将贮存在电容元件的电场中，成为电场能。若电容的单位用库仑(C)，电压的单位用伏特(V)，则 W_C 的单位为焦耳(J)。

2. 电容元件的电流与电压关系

电容元件及端电压、电流的参考方向如图 6-8(a)所示，若选电压为参考正弦量，即

$$u = U_\mathrm{m}\sin\omega t \tag{6-20}$$

则

$$i = C\frac{\mathrm{d}u}{\mathrm{d}t} = C\frac{\mathrm{d}(U_\mathrm{m}\sin\omega t)}{\mathrm{d}t} = \omega CU_\mathrm{m}\cos\omega t = I_\mathrm{m}\sin(\omega t + 90°) \tag{6-21}$$

可见，当电容两端电压为正弦量时，其电流也是同频的正弦量，但相位不同，电流的相位比电压的相位超前 90°。比较上面两式可得最大值（有效值）之间的关系为

$$I_\mathrm{m} = \omega CU_\mathrm{m}, \quad I = \omega CU \tag{6-22}$$

它们也有类似欧姆定律的关系，两者之比为

$$\frac{U_\mathrm{m}}{I_\mathrm{m}} = \frac{U}{I} = \frac{1}{\omega C} = \frac{1}{2\pi f C} = X_C \tag{6-23}$$

将 X_C 称为交流电路中电容元件的容抗，单位也是欧姆(Ω)。容抗是表征电容元件在交流电路中对电流阻碍作用的物理量。在电容一定的情况下，容抗与频率成反比。当 $f=0$，即在直流情况下，$X_C=\infty$，电容相当于开路。

应该指出，容抗和感抗只代表电容和电感的电压与电流振幅或有效值之比，

而不是它们的瞬时值之比,而且容抗和感抗只对正弦交流电有意义。

电容中的电流和电压的关系也可用相量表示,若 $\dot{U}=U\angle 0°$,则

$$\dot{I}=I\angle 90°=j\omega C\dot{U} \text{ 或 } \dot{U}=-j\frac{1}{\omega C}\dot{I}=-jX_C\dot{I} \quad (6-24)$$

由以上分析,可以得到电容元件的伏安关系如下:

(1)电容元件的端电压与电流同频率。

(2)电容元件中电流相位超前电压相位 $90°$。

(3)电容元件端电压与其电流的最大值(或有效值)之间的关系为:$U_m=X_C I_m, U=X_C I$。

(4)电容电压与电流的相量间的关系为:$\dot{U}_m=-jX_C\dot{I}_m, \dot{U}=-jX_C\dot{I}$。

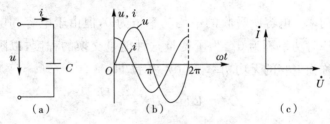

图 6-8　电容元件的交流电路

3. 纯电容电路的功率

(1)瞬时功率。由式(6-20)和式(6-21)可得

$$p=ui=U_m\sin\omega t \cdot I_m\sin(\omega t+90°)=U_m\sin\omega t \cdot I_m\cos\omega t=UI\sin2\omega t \quad (6-25)$$

由式(6-25)可以看出:纯电容电路的瞬时功率仍为正弦量,但频率为 u、i 频率的 2 倍。电容的瞬时功率与电感的瞬时功率类似,也是有"正"有"负",如图 6-9 所示。

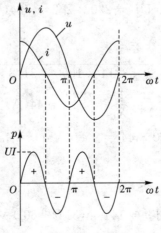

图 6-9　电容元件的功率

在第1个和第3个1/4周期内，$p>0$，表明电容元件从电源吸收功率，并将其转换成电场能贮存起来；在第2个和第4个1/4周期内，$p<0$，表明此时电容将电场能又转换成电能送回到电源去。可见，纯电容元件不消耗电能，只是与电源间不断地进行能量交换。

(2) 有功功率（平均功率）

$$P = \frac{1}{T}\int_0^T p\,dt = \frac{1}{T}\int_0^T UI\sin 2\omega t\,dt = 0$$

正弦交流电路中，电容元件与电感元件一样，都是周期性地从电源吸取能量又送回能量，其平均功率必然为0。这说明理想电容元件和理想电感元件一样，在电路中不消耗能量，而只起着贮存和释放能量的作用，不是一个耗能元件，而是一个贮能元件。

(3) 无功功率。电容所吸收的平均功率虽为0，但由于电容和电源间存在着能量交换，故瞬时功率不为0。为了衡量这种能量交换的程度，以瞬时功率的最大值来度量，称为电容的无功功率，用 Q_C 表示，即

$$Q_C = UI = I^2 X_C = \frac{U^2}{X_C} \qquad (6-26)$$

电容元件无功功率单位也是乏（Var）。

例 6-3 有 $C = 31.8\ \mu F$ 的电容接到 220 V、50 Hz 的交流电源上，电路的电流和无功功率是多少？若将它改接到 1000 Hz，220 V 的交流电源上，电路的电流和无功功率又是多少？

解 (1) 电容容抗

$$X_C = \frac{1}{2\pi fC} = \frac{1}{2\times 3.14 \times 50 \times 31.8 \times 10^{-6}} \approx 100(\Omega)$$

$$I = \frac{U}{X_C} = \frac{220}{100} = 2.2(A)$$

$$Q_C = UI = 220 \times 2.2 = 484(Var)$$

(2) 当 $f = 1000$ Hz 时

$$X_C = \frac{1}{2\pi fC} = \frac{1}{2\times 3.14 \times 1000 \times 31.8 \times 10^{-6}} \approx 5(\Omega)$$

$$I = \frac{U}{X_C} = \frac{220}{5} = 44(A)$$

$$Q_C = UI = 220 \times 44 = 9680(Var) = 9.68 \times 10^3(Var)$$

思考与练习

1. 将 $100\ \Omega$ 的电阻接到 $u = 141\sin(314t + 60°)$ V 的电源上，写出电阻元件上电流的瞬时值表达式，并作出相量图。

2. 将额定电压为 220 V、功率为 60 W 的灯泡,接到 220 V 的正弦交流电上,则灯泡上的电流为多少?

3. 一电阻通过电流 $i = 14.1\sin(314t+60°)$ A,消耗功率为 100 W,求电阻大小,并写出电阻上电压的解析式。

4. 将 $L=25$ mH 的电感接在 $u = 100\sin(314t+30°)$ V 的电源上,求电感元件上电流的瞬时值表达式,并作出相量图。

5. 某电感在正弦交流电源上,已知 $L=100$ mH,$I_L=1$ A,$U_L=50$ V,求电源频率。

6. 已知电感为 15 mH,接到频率为 50 Hz、电压为 220 V 的电源上。求:(1)线圈上电流无功功率以及贮存的最大磁场能量;(2)若频率升高为 1000 Hz,则此时的电流和无功功率又为多少?

7. 将 100 μF 的电容接到电压为 $u = 311\sin314t$ V 的电流上,求电容元件上电流的瞬时值表达式,并作出相量图。

8. 将 4.7 μF 的电容接到正弦交流电源上,已知 $i_C=1.41\sin(314t+45°)$ A,求电容两端电压的有效值及无功功率。

参考答案

模块7　日光灯电路的研究与设计

学习目标

□ 掌握复阻抗的概念和基尔霍夫定律、欧姆定律的相量形式。
□ 会用相量法分析和计算正弦交流电路,能用相量图对简单的正弦交流电路进行分析。
□ 理解交流电路中有功功率、无功功率、视在功率和功率因数的概念。
□ 明确提高功率因数的意义,并掌握用并联电容器提高功率因数的方法。

工作任务

□ 日光灯电路的研究和设计。
□ 设计电路提高功率因数的方法。

实训　日光灯电路的研究和功率因数的提高

做一做

一、实训目的

(1) 了解功率因数提高的意义。
(2) 学会设计电路提高功率因数的方法。
(3) 熟悉功率表的使用。

二、实训器材

单相自耦变压器(0~240 V可调)1台,日光灯灯管(8 W)1只,万能电路板1块,镇流器1个(与灯管配用),启辉器1个(与灯管配用),交流电压表1块,交流电流表1块,功率表1块,电容器(1 μF/500 V,6 μF/500 V每种规格各1只)共6~9只。

三、实训步骤

1. 日光灯电路功率的测量

(1)按图 7-1 将交流电压表(或将万用表调至交流电压挡)、交流电流表、功率表和开关 K 接入实验电路中,先闭合开关 K,再接通电源,待荧光灯亮后,再打开开关 K。记下三表的指示值,同时测 U_L、U_A,填入表 7-1。

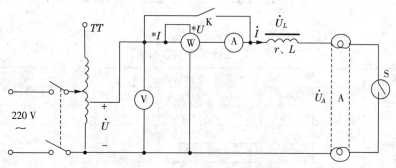

图 7-1 日光灯电路功率的测量

(2)将电压增加至 220 V,重复步骤(1),测量荧光灯正常工作时功率 P、电流 I、电压 U、U_L、U_A 等值。

表 7-1 荧光灯电路连接实验数据

	测量数据					计算值	
	I/mA	U/V	U_L/V	U_A/V	P/W	$\cos\varphi$	r/Ω	$\cos\varphi$
启辉值								
正常工作值								

2. 并联电容器提高功率因数

(1)将可变电容箱元件按实验图 7-2 所示电路连接,在各支路串联接入电流表,再将功率表接入线路。按图接线并经检查后,先闭合开关 K,再接通电源,待荧光灯亮后,电压增加至 220 V,再打开开关 K。

(2)改变可变电容箱的电容值,先使 $C=0$,测电源电压 U 及荧光灯单元(灯座、镇流器)二端的电压 U_L、U_A,读取此时电流表的读数 I、I_L、I_C 及功率表 W 读数 P。将数据记录于表 7-2 中。

(3)按表 7-2 的要求,逐渐增加电容 C 的数值(电容值不要超过 6 μF,否则电容电流过大),重复上一步骤,将实验数据记录于表 7-2 中。

(4)切断电源,整理实训器材。

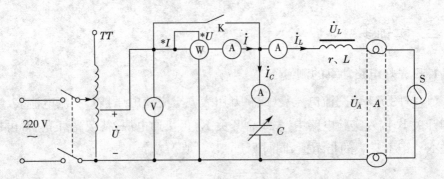

图 7-2 日光灯电路并联电容器提高功率因数实验电路

表 7-2 日光灯实验数据记录

C/μF (500 V)	测量数据						计算值
	P/W	U/V	I/mA	I_C/mA	I_L/mA	U_L/V	U_A/V	$\cos\varphi$
0								
1.0								
1.47								
2.0								
3.0								
3.47								
4.0								
4.47								
5.0								
6.0								

四、注意事项

(1)实验过程中必须注意人身安全,插拔元器件前一定要先切断电源,防止触电事故的发生。

(2)注意测量仪表及设备安全。为了防止荧光灯启动时较大的启动电流冲击功率表和电流表,在打开电源前应先将它们短路(如图 7-1 所示,先闭合开关 K,再接通电源,待荧光灯亮后,再打开开关 K),待荧光灯点亮后,再将其接入。在做图 7-2 所示实验时,也须用同样方法处理。

(3)电容箱在实验前应处于断开状态,根据实验情况逐渐增大并联电容值。电容箱中电容的耐压要符合要求。断开电源后,注意电容器上是否有残存电荷,若有残存电荷,手指触及时可能击伤皮肤。因此,插拔电容器前应注意用导线对电容器短接,给电容器放电。

(4)功率表的同名端按标准接法连接在一起,否则,功率表中模拟指针表反向偏转,数字表则无显示。

相关知识

一、基尔霍夫定律的相量形式

正弦交流电路中各支路电流、电压都是同频率的正弦量,而基尔霍夫定律是分析电路的重要基础,为使用相量分析正弦交流电路,本节介绍基尔霍夫定律的相量形式。

(一)基尔霍夫电流定律的相量形式

基尔霍夫电流定律指出:任一瞬时,电路中任一节点的电流代数和等于零,即

$$\sum i = 0$$

在正弦交流电路中,所有的电流都是同频率的正弦量。根据以上关于同频率正弦量求和运算的结论,若各个电流都用相量表示,则有

$$\sum \dot{I} = 0 \qquad (7-1)$$

由此可见,在正弦交流电路中,任一节点各支路电流的相量代数和等于零。式(7-1)就是基尔霍夫电流定律的相量形式,若流入节点的电流相量取正号,则流出节点的电流相量取负号。

(二)基尔霍夫电压定律的相量形式

基尔霍夫电压定律指出:任一瞬时,电路中任一闭合回路上各部分电压的代数和等于零,即

$$\sum u = 0$$

在正弦交流电路中,所有的电压都是同频率的正弦量。根据以上关于同频率正弦量求和运算的结论,若各个电压都用相量表示,则有

$$\sum \dot{U} = 0 \qquad (7-2)$$

由此可见,在正弦交流电路中,任一闭合回路上各部分电压的相量代数和等于零。式(7-2)就是基尔霍夫电压定律的相量形式,按参考方向与回路绕行方向,电位升取正号,电位降取负号。

例 7-1 如图 7-3 所示正弦交流电路,已知 $R=10\ \Omega$,$X_C=10\ \Omega$,电压 u 的有效值相量为 $\dot{U} = 100\angle 0°\ \text{V}$,求电流 i 的相量,并画出电压电流的相量图。

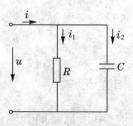

图 7-3 例 7-1 电路图

解 根据基尔霍夫电流定律,有

$$\dot{I} = \dot{I}_1 + \dot{I}_2$$

由于

$$\dot{I}_1 = \frac{\dot{U}}{R} = \frac{100\angle 0°}{10} = 10\angle 0° \text{(A)}$$

$$\dot{I}_2 = \frac{\dot{U}}{-jX_C} = \frac{100\angle 0°}{10\angle -90°} = 10\angle 90° \text{(A)}$$

因此

$$\dot{I} = \dot{I}_1 + \dot{I}_2 = 10\angle 0° + 10\angle 90° = 10\sqrt{2}\angle 45° \text{(A)}$$

电压电流相量图如图 7-4 所示。

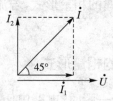

图 7-4 例 7-1 相量图

二、RLC 串联的正弦交流电路

前面已讨论了单一参数电路元件的正弦交流电路。但实际器件(或负载)的电路模型并不都是只由一个理想元件构成的,而往往是几种理想元件的组合。现讨论电阻、电感、电容元件串联电路的电压电流关系,并引入复阻抗的概念和欧姆定律的相量形式。RLC 串联电路是一种典型电路,从中引出的结论可用于各种复杂电路,而单一参数电路、RL 串联电路和 RC 串联电路都可以看成它的特例。因此,此处所得出的结论更具一般性。

(一)电压与电流之间的关系

电阻 R、电感 L、电容 C 串联电路如图 7-5(a)所示,图中标出了各电压、电流的参考方向。为方便起见,选电流为参考正弦量,即设

$$i = I_m \sin\omega t$$

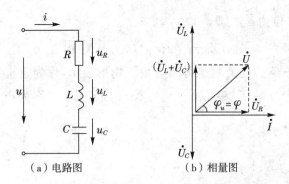

图 7-5 电阻、电感与电容元件串联的交流电路

由单一元件的正弦电路讨论的结论可知

$$u_R = U_{Rm}\sin\omega t$$
$$u_L = U_{Lm}\sin(\omega t + 90°)$$
$$u_C = U_{Cm}\sin(\omega t - 90°)$$

根据基尔霍夫电压定律可得

$$u = u_R + u_L + u_C$$

由于同频率的正弦量之和为频率不变的正弦量,因此

$$u = U_m\sin(\omega t + \varphi_u)$$

由此可见,电路中的 5 个电量 i、u、u_R、u_L、u_C 都是同频率的正弦量,可用相量来表示。这样根据基尔霍夫电压定律的相量形式,有

$$\dot{U} = \dot{U}_R + \dot{U}_L + \dot{U}_C \tag{7-3}$$

以电流为参考相量,即 $\dot{I} = I\angle 0°$,由单一元件的正弦电路相关知识可知

$$\dot{U}_R = R\dot{I} = RI\angle 0°$$
$$\dot{U}_L = jX_L\dot{I} = X_L I\angle 90°$$
$$\dot{U}_C = -jX_C\dot{I} = X_C I\angle -90°$$

可分别作出它们的相量图,如图 7-5(b)所示,然后根据式(7-3),用相量求和的法则,作出电压 u 的相量 $\dot{U}$。

由相量图可知,电压相量 $\dot{U}$、$\dot{U}_R$、$(\dot{U}_L+\dot{U}_C)$ 构成了直角三角形,称为电压三角形。因为 $|\dot{U}_L+\dot{U}_C|=U_L-U_C$,由直角三角形性质可得

$$U^2 = U_R^2 + (U_L - U_C)^2 \text{ 或 } U = \sqrt{U_R^2 + (U_L - U_C)^2} \tag{7-4}$$

将 $U_R = RI$、$U_L = X_L I$、$U_C = X_C I$ 代入上式,得

$$U = \sqrt{(RI)^2 + (X_L I - X_C I)^2} = \sqrt{R^2 + (X_L - X_C)^2} \cdot I \tag{7-5}$$

上式中 $\sqrt{R^2 + (X_L - X_C)^2}$ 具有阻碍电流的性质,称为电路的阻抗,用符号

$|Z|$ 表示，它的单位也是欧姆，即

$$|Z| = \sqrt{R^2 + (X_L - X_C)^2} \qquad (7-6)$$

阻抗 Z、R 和 $(X_L - X_C)$ 的关系也可用直角三角形表示，称为阻抗三角形，如图 7-6 所示。$(X_L - X_C)$ 反映了感抗和容抗的综合限流作用，称为电抗，用符号 X 表示，即

$$X = (X_L - X_C) \qquad (7-7)$$

式(7-6)可改写为

$$|Z| = \sqrt{R^2 + X^2} \qquad (7-8)$$

因此，电压电流的有效值关系为

$$U = |Z| \cdot I \qquad (7-9)$$

根据相量图我们不仅知道了电压电流的有效值关系，还能讨论电压电流的相位差。由于以电流为参考相量，$\varphi_i = 0$，因此 u 的相位差 $\varphi = \varphi_u - \varphi_i = \varphi_u$，即电压 u 的初相位就是 u、i 的相位差。由电压三角形可知

$$\varphi = \arctan \frac{(U_L - U_C)}{U_R} = \arctan \frac{(X_L - X_C)}{R} = \arctan \frac{X}{R} \qquad (7-10)$$

综上所述，在 RLC 串联的正弦交流电路中，当电源频率一定时，电压和电流的相位关系和有效值关系都取决于电路参数 R、L、C。

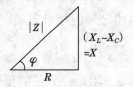

图 7-6 阻抗三角形

(二) 复阻抗及欧姆定律的相量形式

RLC 串联电路的电压电流关系也可用相量表示，根据基尔霍夫电压定律的相量形式及单一参数电路的电压电流关系，可得

$$\dot{U} = \dot{U}_R + \dot{U}_L + \dot{U}_C = R\dot{I} + jX_L\dot{I} + (-jX_C\dot{I})$$

即

$$\dot{U} = [R + j(X_L - X_C)]\dot{I} = (R + jX)\dot{I} = Z\dot{I} \qquad (7-11)$$

上式为欧姆定律的相量形式，式中 Z 称为复数阻抗，简称复阻抗，即

$$Z = R + j(X_L - X_C) = R + jX \qquad (7-12)$$

值得注意的是，Z 是一个复数，但不表示正弦时间函数，故不是相量，字母上不加点。其实部是电路的电阻部分，虚部是电路的电抗。

复阻抗也可用复数的其他形式表示为

$$Z = R + jX = |Z|e^{j\varphi} = |Z|\angle\varphi = |Z|(\cos\varphi + j\sin\varphi) \quad (7-13)$$

其中

$$|Z| = \sqrt{R^2 + X^2} = \sqrt{R^2 + (X_L - X_C)^2}$$

$$\varphi = \arctan\frac{X}{R} = \arctan\frac{X_L - X_C}{R} \quad (7-14)$$

式中，φ 是复阻抗的辐角，称作阻抗角。不难看出，电压三角形和阻抗三角形是两个相似三角形，因此，阻抗角 φ 就是电压与电流的相位差。

把式(7-13)代入(7-11)，得

$$\dot{U} = |Z|\angle\varphi \cdot \dot{I} \text{ 或 } U\angle\varphi_u = |Z| \cdot I\angle(\varphi_i + \varphi) \quad (7-15)$$

从式(7-14)可知，当 $X_L = X_C, \varphi = 0$，电流与电压同相，电路呈电阻性，称电阻性电路；当 $X_L > X_C, \varphi > 0$，电流比电压滞后，电路呈电感性，称感性电路；当 $X_L < X_C, \varphi < 0$，电流比电压超前，电路呈电容性，称容性电路。

以上所讨论的结论，对于只有一个元件或两个元件的串联电路同样适用。例如，对于 RL 串联电路，只要令上述各式中的 $X_C = 0$；对于 RC 串联电路，只要令上述各式中的 $X_L = 0$，则所得结果都是正确的。

例 7-2 如图 7-7 所示，已知 $R = 15\ \Omega, L = 12\ \text{mH}, C = 5\ \mu\text{F}$，电源电压 $u = 10\sqrt{2}\sin5000t\ \text{V}$，求电路电流 i 和各元件上的电压。

解 用相量法，电源的电压相量为

$$\dot{U} = 10\angle0°\ \text{V}$$

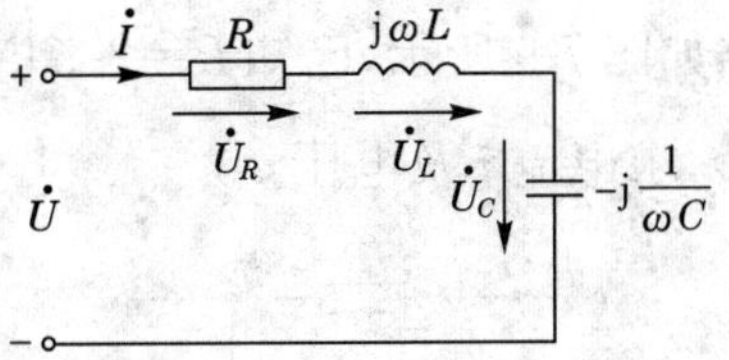

图 7-7 例 7-2 电路图

电路的复阻抗为

$$Z = R + j(X_L - X_C)$$

其中

$$R = 15\ \Omega$$

$$X_L = \omega L = 5000 \times 12 \times 10^{-3} = 60(\Omega)$$

$$X_C = \frac{1}{\omega C} = \frac{1}{5000 \times 5 \times 10^{-6}} = 40(\Omega)$$

即

$$Z = 15 + j(60 - 40) = 15 + j20 = 25\angle53°(\Omega)$$

因此

$$\dot{I} = \frac{\dot{U}}{Z} = \frac{10\angle 0°}{25\angle 53°} = 0.4\angle -53° \text{(A)}$$

各元件上电压分别为

$$\dot{U}_R = R\dot{I} = 15 \times 0.4\angle -53° = 6\angle -53° \text{(V)}$$

$$\dot{U}_L = jX_L\dot{I} = j60 \times 0.4\angle -53° = 24\angle 37° \text{(V)}$$

$$\dot{U}_C = -jX_C\dot{I} = -j40 \times 0.4\angle -53° = 16\angle -143° \text{(V)}$$

应当注意 $U \neq U_R + U_L + U_C$，即正弦交流电路中各串联元件的电压有效值之和不等于总电压的有效值。各电压及电流相量图如图 7-8 所示。

上述各相量所代表的正弦量为

$$i = 0.4\sqrt{2}\sin(5000t - 53°) \text{ A}$$

$$u_R = 6\sqrt{2}\sin(5000t - 53°) \text{ V}$$

$$u_L = 24\sqrt{2}\sin(5000t + 37°) \text{ V}$$

$$u_C = 16\sqrt{2}\sin(5000t - 143°) \text{ V}$$

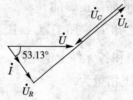

图 7-8　例 7-2 相量图

例 7-3　RC 串联电路如图 7-9 所示，已知 $R = 2.5 \text{ k}\Omega$，$C = 0.1 \mu\text{F}$，电源电压为 $u = 2\sqrt{2}\sin\omega t \text{ V}$，$f = 1 \text{ kHz}$，求电流 i 及电压 u_C。

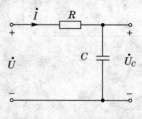

图 7-9　例 7-3 电路图

解　电容的容抗为

$$X_C = \frac{1}{\omega C} = \frac{1}{2\pi \times 1000 \times 0.1 \times 10^{-6}} = 1.592 \text{(k}\Omega\text{)}$$

电路的复阻抗为

$$Z = R - jX_C = 2.5 - j1.592 = 2.963\angle -32.5° \text{(k}\Omega\text{)}$$

电路电流为

$$\dot{I} = \frac{\dot{U}}{Z} = \frac{2\angle 0°}{2.963\angle -32.5°} = 0.675\angle 32.5° \text{(mA)}$$

电阻及电容上的电压为

$$\dot{U}_R = R\dot{I} = 2.5 \times 0.675\angle 32.5° = 1.688\angle 32.5° \text{(V)}$$

$$\dot{U}_C = -jX_C\dot{I} = -j1.592 \times 0.675\angle 32.5° = 1.075\angle -57.5° \text{(V)}$$

上述各电压、电流相量的相量图如图 7-10 所示。

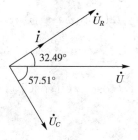

图 7-10 例 7-3 相量图

各相量所代表的正弦量为

$$i = 0.675\sqrt{2}\sin(2000\pi t + 32.5°) \text{ mA}$$

$$u_R = 1.688\sqrt{2}\sin(2000\pi t + 32.5°) \text{ V}$$

$$u_C = 1.075\sqrt{2}\sin(2000\pi t - 57.5°) \text{ V}$$

由上式可见,输出电压 u_C 和输入电压 u 相比,移动了一个相位角,故此电路又称移相电路。

三、正弦电路的功率

电路的一个主要用途是传输能量。因此,在正弦交流电路的分析中,功率是很重要的。前面已分别介绍过 R、L、C 单一元件的瞬时功率、有功功率和无功功率,本节将讨论正弦交流电路中的这些功率情况。

(一)瞬时功率、有功功率、无功功率和视在功率

1. 瞬时功率

任何无源单端口网络如图 7-11(a)所示,其瞬时电压和瞬时电流的乘积为输入这一端口的瞬时功率。

设它的电压和电流参考方向如图 7-11(a)所示,其瞬时值表达式为

$$u = \sqrt{2}U\sin(\omega t + \varphi_u)$$

$$i = \sqrt{2}I\sin(\omega t + \varphi_i)$$

则

$$p = ui = \sqrt{2}U\sin\omega t + \varphi_u) \cdot \sqrt{2}I\sin(\omega t + \varphi_i)$$

为分析方便,以电流为参考相量,$\varphi_i = 0$,电压与电流的相位差为 $\varphi = \varphi_u - \varphi_i = \varphi_u$,也是该网络输入阻抗的阻抗角。因此,电流和电压可分别表示为

$$i = \sqrt{2}I\sin\omega t$$
$$u = \sqrt{2}U\sin(\omega t + \varphi)$$

于是

$$p = ui = \sqrt{2}U\sin(\omega t + \varphi) \cdot \sqrt{2}I\sin\omega t$$
$$= UI \cdot 2\sin(\omega t + \varphi)\sin\omega t$$
$$= UI\cos\varphi - UI\cos(2\omega t + \varphi)$$

将其展开,可得

$$p = UI\cos\varphi(1 - \cos 2\omega t) + UI\sin\varphi\sin 2\omega t \tag{7-16}$$

式(7-16)第一项的值始终大于或等于零,它是瞬时功率中不可逆部分;第二项的值正负交替,是瞬时功率中可逆部分,说明能量在电源和单端口电路之间来回交换。图7-11(b)所示为瞬时功率的波形图。

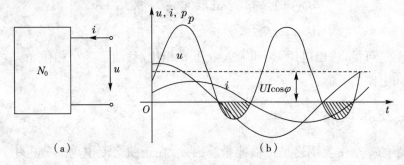

图 7-11 瞬时功率的波形图

从波形图可以看出,瞬时功率有时正有时负,$p > 0$,电路吸收功率,能量从电源送入电路;$p < 0$,电路发出功率,能量从电路释放出来,电源和电路间形成能量往返交换现象。

2. 有功功率与功率因数

瞬时功率没有多大的应用价值,因为它无时无刻不在变化,不便于测量,通常引用平均功率的概念。平均功率又称有功功率,它是瞬时功率在一个周期内的平均值。

$$P = \frac{1}{T}\int_0^T p\,dt = \frac{1}{T}\int_0^T [UI\cos\varphi - UI\cos(2\omega t + \varphi)]dt$$
$$P = UI\cos\varphi \tag{7-17}$$

它正好等于式(7-16)中的恒定分量,它不仅与电压、电流的有效值有关,而且和

它们相位差的余弦有关。式中电压和电流的相位差 φ 称为该端口的功率因数角，$\cos\varphi$ 称为电路的功率因数。

对纯电阻电路：$\varphi = 0°, \cos\varphi = 1, P_R = U_R I_R$；

对纯电感电路：$\varphi = 90°, \cos\varphi = 0, P_L = 0$；

对纯电容电路：$\varphi = -90°, \cos\varphi = 0, P_C = 0$；

对于一般电路，$\cos\varphi$ 在 0 和 1 之间。

3. 无功功率

对于一般正弦交流电路，也采用无功功率的概念来反映该电路中电感、电容等贮能元件与外电路（或电源）间综合交换能量的程度，用符号 Q 表示，其定义式为

$$Q = UI\sin\varphi \tag{7-18}$$

式中，Q 表示电路中贮能元件与外电路（或电源）间交换能量的最大速率。

无功功率是一些电气设备正常工作必需的指标。无功功率单位为乏（Var）。

对纯电阻电路：$\varphi = 0°, \sin\varphi = 0, Q_R = 0$；

对纯电感电路：$\varphi = 90°, \sin\varphi = 1, Q_L = U_L I_L$；

对纯电容电路：$\varphi = -90°, \sin\varphi = -1, Q_C = -U_C I_C$；

一般来说，对感性电路：$\varphi > 0°$，有 $Q > 0$；对容性电路：$\varphi < 0°$，有 $Q < 0$。

4. 视在功率

电气设备的容量是由其额定电流和额定电压的乘积决定的，因此，定义单端口电路的电流有效值与电压有效值的乘积为该端口的视在功率，视在功率又称表观功，用 S 表示。

$$S = UI \tag{7-19}$$

视在功率表征了电气设备容量的大小。在使用电气设备时，一般电流、电压都不能超过其额定值。视在功率的单位用伏安（V·A）或千伏安（kV·A）。

5. 功率三角形

将式（7-19）代入式（7-17）、式（7-18），不难得出有功功率、无功功率、视在功率间存在下列关系

$$P = UI\cos\varphi = S\cos\varphi$$

$$Q = UI\sin\varphi = S\sin\varphi$$

故

$$S^2 = P^2 + Q^2 \tag{7-20}$$

$$\varphi = \arctan\frac{Q}{P} \tag{7-21}$$

可见 P、Q、S 三者也构成直角三角形，称为功率三角形，如图 7-12 所示。

在正弦交流电路中所说的功率，如不特别说明，均指平均功率，即有功功率。

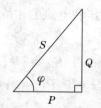

图 7-12 功率三角形

(二)功率因数的提高

1. 功率因数提高的意义

发、配电设备的额定容量是指它们的额定视在功率,其值是由额定电压和额定电流的乘积来决定的。在使用这些设备时,一般都不能超过它们的额定值。而根据有功功率的计算公式,设备输出的有功功率(即负载消耗的有功功率),除了与设备本身的容量有关外,还与负载的功率因数有关。如一台 1000 kV·A 的变压器,当负载的功率因数 $\cos\varphi = 0.5$ 时,变压器提供的有功功率 $P = UI\cos\varphi = 1000 \times 0.5 = 500(\text{kW})$;当负载的功率因数 $\cos\varphi = 0.8$ 时,变压器提供的有功功率 $P = UI\cos\varphi = 1000 \times 0.8 = 800(\text{kW})$。可见,若要充分利用设备的容量,应尽可能提高负载的功率因数。

功率因数的提高,还可以降低输电线路的电能损耗,并有利于提高供电质量和供电效率。这是因为输电线中的电流 $I = \dfrac{P}{U\cos\varphi}$,当输送到负载的功率、电压一定时,功率因数越大,电流越小,损耗在输电线路的功率 $\Delta P = I^2 r$ 也就越小;同时,输电线路上的压降 $\Delta U = Ir$ 下降,易于维持负载的额定电压不变,从而使供电质量提高。

2. 功率因数提高的方法

工业企业中的用电设备大多是电感性负载,这是由广泛应用异步电动机所造成的。为了提高功率因数,一个有效的办法是在负载两端并联大小适当的电容。

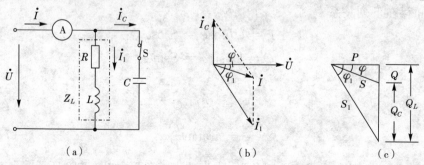

图 7-13 提高功率因数分析图

在图 7-13(a)所示电路中,感性负载 Z_L 由电阻 R 和电感 L 构成,通过导线与

电压为 $\dot{U}$ 的电源相连。并联电容 C 之前,电路的电流就是负载的电流 $\dot{I}_1$,这时电路阻抗角为 φ_1。并联电容 C 后,由于负载 Z_L 的性质和电源电压 $\dot{U}$ 均保持不变,故负载电流 $\dot{I}_1$ 也不变,这时电容 C 中的电流 $\dot{I}_C$ 超前电压 $\dot{U}$ 90°,它与负载电流 $\dot{I}_1$ 合成后为电路的总电流,即

$$\dot{I} = \dot{I}_1 + \dot{I}_C$$

由图 7-13(b) 的相量图可知,只要使电流 $\dot{I}_C$ 的大小合适,就可使 $\varphi < \varphi_1$,提高整个电路的功率因数,即

$$\cos\varphi < \cos\varphi_1$$

并联电容 C 的数值计算如下:设负载吸收的有功功率为 P,由于并联电容不消耗有功功率,因此电源提供的有功功率在并联前后不变。

由图 7-13(c) 所示的功率三角形可知,所需并联电容 C 的无功功率为

$$Q_C = Q_L - Q$$

并联电容 C 前电路的无功功率为

$$Q_L = P\tan\varphi_1$$

并联电容 C 后电路的无功功率为

$$Q = P\tan\varphi$$

由于

$$Q_C = I_C^2 X_C = \frac{U^2}{X_C} = \omega C U^2$$

因此

$$C = \frac{Q_C}{\omega U^2} = \frac{P}{\omega U^2}(\tan\varphi_1 - \tan\varphi) \qquad (7-22)$$

例 7-4 一台 220 V、50 Hz、100 kW 的电动机,功率因数为 0.6。(1)在使用时,电源提供的电流和无功功率各是多少?(2)如使功率因数达到 1,需要并联的电容器电容是多少?此时提供的电流和无功功率各是多少?

解 (1)由于

$$P = UI\cos\varphi$$

所以电源提供的电流

$$I = \frac{P}{U\cos\varphi} = \frac{100 \times 10^3}{220 \times 0.6} = 757.6(\text{A})$$

无功功率

$$Q_L = UI_L = UI\sin\varphi = 220 \times 757.6 \times \sqrt{1 - 0.6^2} = 133.34(\text{kVar})$$

(2)并联电容后,则

$$\cos\varphi = 1$$

所以无功功率

$$Q = UI\sin\varphi = 0$$

则

$$Q_C = Q_L$$

因此需并联的电容为

$$C = \frac{Q_C}{\omega U^2} = \frac{133.34 \times 10^3}{314 \times 220^2} = 8778 \times 10^{-6}(\text{F}) = 8778(\mu\text{F})$$

此时电源的电流

$$I = \frac{P}{U\cos\varphi} = \frac{100 \times 10^3}{220} = 454.5(\text{A})$$

例 7-5 一个 220 V、40 W 的日光灯,功率因数 $\cos\varphi_1 = 0.5$,用于频率 50 Hz、220 V 的正弦电源,要求把功率因数提高到 $\cos\varphi = 0.95$,试计算需并联电容器的电容量。

解 因为

$$\cos\varphi_1 = 0.5, \cos\varphi = 0.95$$

所以

$$\tan\varphi_1 = 1.732, \tan\varphi = 0.329$$

$$C = \frac{P}{\omega U^2}(\tan\varphi_1 - \tan\varphi) = \frac{40}{314 \times 220^2}(1.732 - 0.329) = 3.69(\mu\text{F})$$

思考与练习

1. 在 RL 串联电路中,已知 $R = 100\ \Omega, L = 10\ \text{mH}, u_R = 10\sqrt{2}\sin 1000t$ V,求电源电压,并画出相量图。

2. 在 RL 串联的正弦交流电路中,已知 $R = 10\ \Omega, X_L = 10\ \Omega$,试写出复阻抗 Z,并求总电流与总电压的相位差 φ。

3. 如图 7-14 所示电路,已知 $u = 10\sqrt{2}\sin(\omega t - 180°)$ V, $R = 4\ \Omega, \omega L = 3\ \Omega$。求 u_R 和 u_L。

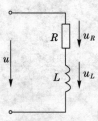

图 7-14 习题 3 图

4. 现有 RC 串联电路,接于 50 Hz 的正弦电源上,如图 7-15 所示,已知 $R=100\ \Omega$, $C=\dfrac{10^4}{314}\ \mu F$,电压相量 $\dot{U}=200\angle 0°$ V,求复阻抗 Z、电流 $\dot{I}$、电压 $\dot{U}_C$,并画出电压电流相量图。

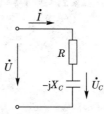

图 7-15 习题 4 图

5. 已知正弦交流电路,$\dot{U}=20\angle 0°$ V,$Z=4+j3\ \Omega$,求电流相量 $\dot{I}$ 及 Q、S、P。

6. 在 RLC 串联电路中,已知 $R=10\ \Omega$,$X_L=5\ \Omega$,$X_C=15\ \Omega$,电源电压 $u=200\sin(\omega t+30°)$ V,求:(1)电路的复阻抗 Z,并说明电路的性质;(2)电路的电流 $\dot{I}$ 和电压 $\dot{U}_R$、$\dot{U}_L$、$\dot{U}_C$;(3)作出电压、电流相量图。

7. 在 RLC 串联电路中,已知 $R=10\ \Omega$,$L=0.7$ mH,C 为 1000 μF,电源电压 $\dot{U}=100\angle 0°$ V,$\omega=100$ rad/s,求电路中电流以及有功功率、无功功率、视在功率。

8. 在 RLC 串联电路中,已知 $R=10\ \Omega$,$X_L=15\ \Omega$,$X_C=5\ \Omega$,其中电流 $\dot{I}=2\angle 30°$ A。试求:(1)总电压 $\dot{U}$;(2)功率因数 $\cos\varphi$;(3)该电路的功率 P、Q、S。

9. 已知某一无源网络的等效阻抗 $Z=10\angle 60°\ \Omega$,外加电压 $\dot{U}=220\angle 15°$ V,求该网络的功率 P、Q、S 及功率因数 $\cos\varphi$。

参考答案

模块 8　*RLC* 串联谐振

学习目标

□ 掌握正弦交流电路的一般分析方法。
□ 掌握串、并联谐振的条件和谐振电路的特点。
□ 了解谐振电路的品质因数及对谐振电路选择性的影响。
□ 了解谐振电路的应用。

工作任务

□ *RLC* 串联谐振电路的研究和设计。
□ 观测 *RLC* 串联谐振电路中电压和电流间的相位关系。

实训　*RLC* 串联谐振

做一做

一、实训目的

(1) 验证 *RLC* 串联谐振电路的特点。
(2) 测定串联谐振电路的谐振曲线。
(3) 使用示波器观测 *RLC* 串联谐振电路中电压和电流间的相位关系。

二、实训器材

函数发生器 1 台,晶体管毫伏表 1 台,双踪示波器 1 台,电阻器 200 Ω 1 只,500 Ω 1 只,电感器 390 mH 1 只,电容器 0.01 μF 1 只。

三、实训步骤

1. 寻找谐振频率,验证谐振电路的特点

按图 8-1 正确接线,R 取 200 Ω,L 取 390 mH,C 取 0.01 μF,用晶体管毫伏表测量电阻 R 上的电压 U_R。因为 $U_R=RI$,所以当 R 一定时,U_R 与 I 成正比,电路谐振时的电流 I 最大,电阻电压 U_R 也最大。保持函数发生器的输出电压为 3 V,细心调节输出电压的频率,使 U_R 为最大,电路即达到谐振,测量电路中的电压 U_R、U_L、U_C,并读取谐振频率 f_0,记入表 8-1 中。

表 8-1 验证谐振电路的特点

U_R(V)		U_L(V)		U_C(V)	
f_0(Hz)		$I_0=U_R/R$		Q	

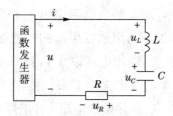

图 8-1 串联谐振测量电路

2. 测量谐振曲线

线路如图 8-1 所示,将函数发生器输出电压调至 3 V,在谐振频率两侧调节输出电压的频率(每次改变频率后,均应重新调整电压至 3 V),分别测量各频率点的 U_R 值,记入表 8-2 中(在谐振点附近要多测几组数据)。再将图 8-1 所示电路中的电阻 R 更换为 500 Ω,重复上述测量,记入表 8-3 中。

表 8-2 测量谐振曲线(一)

\multicolumn{9}{c}{$R=(\ ),L=(\ ),C=(\ ),Q=(\ )$}
f					$f_0=(\ )$			
U_R								
I								
I/I_0								
f/f_0								

表 8-3　测量谐振曲线(二)

	R=( ),L=( ),C=( ),Q=( )							
f					$f_0=(\ )$			
U_R								
I								
I/I_0								
f/f_0								

根据上面的实验结果,画出不同 R 的 $f-I$ 曲线和 $f/f_0-I/I_0$ 曲线。

3. 用示波器观测 RLC 串联谐振电路中电流和电压间的相位关系

按图 8-2 接线,R 取 500 Ω,L 和 C 不变。将电路中 A 点的电位送入双踪示波器的 Y_A 通道,它显示出电路中总电压 u 的波形。将 B 点的电位送入 Y_B 通道,它显示出电阻 R 上的电压波形,此波形与电路中电流 i 的波形相似,因此可以直接把它看作电流 i 的波形。示波器与函数发生器的接地端必须连接在一起,函数发生器的输出频率取谐振频率 f_0,输出电压取 3 V,调节示波器,使波形稳定地显示在屏幕上,将电流 i 和电压 u 的波形描绘下来。再在 f_0 左右各取一个频率点,函数发生器输出电压保持不变,观察并描绘电流 i 和电压 u 的波形。

调节函数发生器的输出频率,在谐振频率 f_0 左右缓慢变化,观察示波器屏幕上电流 i 和电压 u 波形的相位和幅值的变化,并分析其变化的原因。

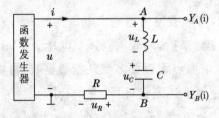

图 8-2　观察电压与电流相位差电路

四、注意事项

(1)谐振曲线的测定是在电源电压不变的条件下进行的,因此必须随时调节信号源,使电压保持不变。

(2)注意正确选择各项实验的电压表量程。变换量程后要及时校对零点。

(3)为了使谐振曲线的顶点绘制精确,要在谐振频率附近多选几组测量数据。

相关知识

一、正弦交流电路的一般分析方法

由前面几个模块的分析可以看出,正弦交流电路中,若电压、电流都用相量表示,则可得出基尔霍夫定律的相量形式

$$\sum \dot{I} = 0, \sum \dot{U} = 0$$

引入复阻抗的概念后,一段无源支路的电压电流关系可用相量形式表示为

$$\dot{U} = Z \cdot \dot{I}$$

上式与电阻电路的欧姆定律相似,故又称为欧姆定律的相量形式。由此可以看出,正弦交流电路中,以相量形式表示的基尔霍夫定律和欧姆定律与直流电路有相似的表达形式,只是这里的电压、电流用相量来表示,电阻用复阻抗表示。因此,根据这两个推导出来的分析直流电阻电路常用的方法和定理,如应用等效变换简化电路的方法、支路电流法、节点电压法、叠加原理和戴维南定理等,完全可以推广到正弦交流电路中去应用,只要在应用时把电压和电流改用表示它们的相量,而电阻改用复阻抗即可。

我们知道,正弦交流电路中的复阻抗 Z 与直流电路中的电阻 R 是相对应的,因而直流电路的电阻串并联公式也同样可以扩展到正弦交流电路中,用于复阻抗的串并联计算。

1. 复阻抗的串联

图 8-3(a)为两个复阻抗串联的电路,按图示的参考方向,应用相量形式的基尔霍夫电压定律有

$$\dot{I} = \dot{I}_1 + \dot{I}_2$$

由相量形式的欧姆定律得

$$\dot{U}_1 = Z_1 \cdot \dot{I}, \quad \dot{U}_2 = Z_2 \cdot \dot{I}$$

因此

$$\dot{U} = \dot{U}_1 + \dot{U}_2 = Z_1 \dot{I} + Z_2 \dot{I} = (Z_1 + Z_2) \dot{I}$$

即电路中的电流

$$\dot{I} = \frac{\dot{U}}{Z_1 + Z_2} \tag{8-1}$$

有时为了简化电路,可用等效复阻抗 Z 替代两个串联的复阻抗,如图 8-3(b)所示,则

$$\dot{I} = \frac{\dot{U}}{Z} \qquad (8-2)$$

比较式(8-1)和式(8-2),可得串联的等效复阻抗为

$$Z = Z_1 + Z_2 \qquad (8-3)$$

即串联复阻抗的等效复阻抗等于各复阻抗之和。

在已知电压和阻抗 Z_1 和 Z_2 的情况下,可得类似直流电阻串联的分压公式

$$\dot{U}_1 = Z_1 \dot{I} = \frac{Z_1}{Z_1 + Z_2} \dot{U}, \quad \dot{U}_2 = Z_2 \dot{I} = \frac{Z_2}{Z_1 + Z_2} \dot{U} \qquad (8-4)$$

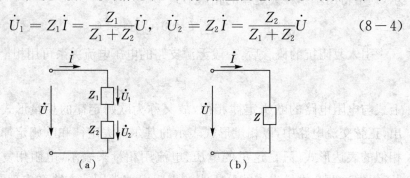

图 8-3 复阻抗的串联

2. 复阻抗的并联

图 8-4(a)为两个复阻抗并联的电路,按图示的参考方向,应用相量形式的基尔霍夫电流定律,有

$$\dot{I} = \dot{I}_1 + \dot{I}_2$$

由相量形式的欧姆定律可得

$$\dot{I}_1 = \frac{\dot{U}}{Z_1}, \quad \dot{I}_2 = \frac{\dot{U}}{Z_2}$$

所以

$$\dot{I} = \dot{I}_1 + \dot{I}_2 = \frac{\dot{U}}{Z_1} + \frac{\dot{U}}{Z_2} = \left(\frac{1}{Z_1} + \frac{1}{Z_2}\right)\dot{U} \qquad (8-5)$$

有时为简化电路,可用等效复阻抗 Z 代替两个并联的复阻抗,如图 8-4(b)所示,则有

$$\dot{I} = \frac{\dot{U}}{Z} \qquad (8-6)$$

比较式(8-5)和式(8-6),可得

$$\frac{1}{Z} = \frac{1}{Z_1} + \frac{1}{Z_2} \quad 或 \quad Z = \frac{Z_1 Z_2}{Z_1 + Z_2} \qquad (8-7)$$

即并联的等效复阻抗倒数等于各复阻抗的倒数之和。

在已知电流和阻抗 Z_1、Z_2 的情况下,同样可得类似于直流电阻电路的分流公式。

因为
$$\dot{U} = Z \cdot \dot{I} = \frac{Z_1 Z_2}{Z_1 + Z_2} \cdot \dot{I}$$

所以
$$\dot{I}_1 = \frac{\dot{U}}{Z_1} = \frac{Z_2}{Z_1 + Z_2} \cdot \dot{I}, \dot{I}_2 = \frac{\dot{U}}{Z_2} = \frac{Z_1}{Z_1 + Z_2} \cdot \dot{I} \qquad (8-8)$$

从式(8-3)、式(8-4)以及式(8-7)、式(8-8)可知，复阻抗串、并联的等效复阻抗，串联电路的分压公式、并联电路的分流公式与直流电阻电路的公式有相似的形式。但必须注意，上述各式是复数运算，而不是实数运算。因此，一般情况下，当复阻抗串联时，$|Z| \neq |Z_1| + |Z_2|$；当复阻抗并联时，$|Z| \neq \dfrac{|Z_1| \cdot |Z_2|}{|Z_1| + |Z_2|}$。

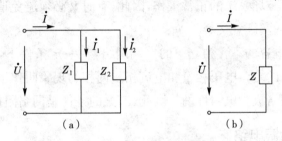

图 8-4 复阻抗的并联

例 8-1 图 8-5(a)所示电路中，$Z_1 = 3 + j4 \ \Omega$，$Z_2 = 8 - j6 \ \Omega$，外加电压 $\dot{U} = 220 \angle 0° \ V$。试求各支路的电流 $\dot{I}_1$、$\dot{I}_2$ 和 $\dot{I}$，并画出相量图。

解 $Z_1 = 3 + j4 = 5 \angle 53° (\Omega), Z_2 = 8 - j6 = 10 \angle -37° (\Omega)$

则
$$Z = \frac{Z_1 Z_2}{Z_1 + Z_2} = \frac{5 \angle 53° \times 10 \angle -37°}{3 + j4 + 8 - j6} = \frac{50 \angle 16°}{11.2 \angle -10°} = 4.47 \angle 26° (\Omega)$$

所以
$$\dot{I}_1 = \frac{\dot{U}}{Z_1} = \frac{220 \angle 0°}{5 \angle 53°} = 44 \angle -53° (A)$$

$$\dot{I}_2 = \frac{\dot{U}}{Z_2} = \frac{220 \angle 0°}{10 \angle -37°} = 22 \angle 37° (A)$$

$$\dot{I} = \frac{\dot{U}}{Z} = \frac{220 \angle 0°}{4.47 \angle 26°} = 49.2 \angle -26° (A)$$

或
$$\dot{I} = \dot{I}_1 + \dot{I}_2 = 44 \angle -53° + 22 \angle 37° = 49.2 \angle -26° (A)$$

相量图如图 8-5(b)所示。

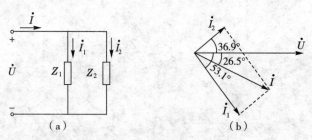

图 8-5 例 8-1 电路图和相量图

二、LC 谐振电路

谐振现象是正弦稳态电路的一种特殊的工作状况,它在无线电和电工技术中得到广泛的应用。但是,由于谐振会出现较高的电压和较大的电流,可能给电气设备带来危害性,破坏系统的正常工作,因此,有时又必须避免谐振的发生。研究谐振现象有重要的实际意义。

具有电感和电容的不含独立源的二端网络,在一定条件下,其输入端阻抗成电阻性,形成网络的端口电压相量和电流相量同相的现象叫作谐振。谐振时网络的阻抗角为零,网络成为电阻性的。因此,谐振的条件是网络阻抗的虚部为零。

(一)串联谐振电路

1. 串联谐振的条件

一个 RLC 串联的无源一端口网络(如图 8-6 所示)电路发生谐振时称为串联谐振。

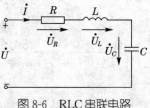

图 8-6 RLC 串联电路

该电路的入端复阻抗为

$$Z = R + j\left(\omega L - \frac{1}{\omega C}\right) \qquad (8-9)$$

根据定义,电路发生谐振,输入端阻抗成电阻性,因此,串联谐振的条件是复阻抗的虚部为零,即

$$\omega L = \frac{1}{\omega C}$$

可见,在电源的频率、电感和电容三者之中,任意调节一个都可使三者之间满足谐振条件,达到谐振。调节电路参数,使电路达到谐振的过程叫作调谐。

当电路的 L、C 一定时,改变电源频率,达到谐振所需的电源的角频率,该角频率叫作串联电路的谐振角频率,其频率叫作谐振频率。因为电路的 L、C 一定时,电路达到谐振所需的角频率(或频率)是固有的,所以该角频率也叫作固有角频率(或频率)。

由式(8—9)可得

$$\omega = \omega_0 = \frac{1}{\sqrt{LC}} \text{ 或 } f = f_0 = \frac{1}{2\pi\sqrt{LC}} \qquad (8-10)$$

2. 串联谐振的特点

串联谐振时的感抗和容抗为

$$X_L = X_C = \omega_0 L = \frac{1}{\omega_0 C} = \frac{1}{\sqrt{LC}} \cdot L = \sqrt{\frac{L}{C}} = \rho \qquad (8-11)$$

式中,ρ 只和电路的电感和电容有关,叫作电路的特性阻抗,单位为欧(Ω)。谐振时,电路的复阻抗为

$$Z = R + j(X_L - X_C) = R$$

它是一个纯电阻,即谐振时的阻抗 Z 最小。

如果电路的外加电压为 $\dot{U}$,则谐振时的电流为

$$\dot{I} = \frac{\dot{U}}{Z} = \frac{\dot{U}}{R} \text{ 或 } I = \frac{U}{R}$$

这时电流与电压同相,其值为最大,与电感和电容值无关,完全由电路中的电阻值决定。

谐振时电路中各元件上电压为

$$\dot{U}_R = R \cdot \dot{I} = R \cdot \frac{\dot{U}}{R} = \dot{U}$$

$$\dot{U}_L = jX_L\dot{I} = j\frac{\omega_0 L}{R} \cdot \dot{U}$$

$$\dot{U}_C = -jX_C\dot{I} = -j\frac{1}{\omega_0 C R} \cdot \dot{U}$$

可见,谐振时

$$\dot{U}_L = -\dot{U}_C, U_L = U_C$$

即电感和电容的电压大小相等,相位相反。图 8-7 所示为串联谐振时的相量图。

图 8-7 串联谐振时电压电流相量图

上式中电感和电容上的电压又可表示为

$$U_L = U_C = \frac{\omega_0 L}{R} U = \frac{\rho}{R} U = QU \qquad (8-12)$$

式中

$$Q = \frac{U_L}{U} = \frac{U_C}{U} = \frac{\rho}{R} = \frac{\omega_0 L}{R} = \frac{1}{\omega_0 C R} \qquad (8-13)$$

Q 称为电路的品质因数，它表明在谐振状态下，电感（或电容）上的电压为电路外施电压的多少倍。

实际的串联谐振电路是由电感线圈和电容器串联而成的，电感线圈可用电阻和电感的串联来表示。当忽略电容器的漏电电阻时，串联谐振电路的品质因数就是线圈的品质因数。如果线圈的品质因数很高，即感抗的数值大大超过电阻的数值，那么电感（或电容）上的电压就会超过外施电压的好多倍，故串联谐振又称电压谐振。这种高电压在电力工程中往往会使电感线圈或电容绝缘被击穿而造成损坏，因此要设法避免串联谐振的发生。但在无线技术方面，则常常利用这种现象微弱的信号通过电压谐振而获得一个较高的电压，这时的 Q 值通常在几十以上。

谐振时电路所吸收的有功功率为

$$P = UI\cos\varphi = UI = I^2 R$$

无功功率为

$$Q = UI\sin\varphi = 0$$

由于

$$Q = Q_L - Q_C$$

故

$$Q_L = Q_C$$

这表明，在谐振时电感与电容之间进行着能量的互换，而不与电源之间交换能量。

3. 串联谐振电路的谐振曲线

为了研究串联电路的谐振性能，需要考虑电路中的电流、电压、阻抗等各量随频率变化的关系，这些关系称为频率特性，或称频率响应。表示电流、电压与频率关系的图形，称为谐振曲线。下面先来研究阻抗的频率特性。

已知图 8-6 所示电路的入端复阻抗为 $Z = R + j(\omega L - \frac{1}{\omega C})$，即阻抗值为

$$|Z| = \sqrt{R^2 + (\omega L - \frac{1}{\omega C})^2}$$

阻抗角为

$$\varphi = \arctan \frac{\omega L - \dfrac{1}{\omega C}}{R}$$

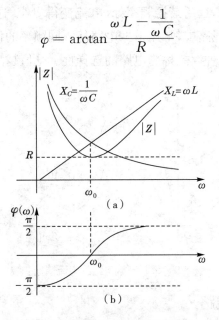

图 8-8 阻抗和阻抗角的频率特性

图 8-8(a)、图 8-8(b)分别表示 R、X_L、X_C、Z 和 φ 各量随频率变化的情况。$|Z|$ 呈 V 字形,当 $\omega = \omega_0$ 时,$X_L = X_C$,$Z = R$,为最小值;当 $\omega < \omega_0$ 时,$X_L < X_C$,φ 角为负值,电路呈容性,电压滞后于电流;当 $\omega > \omega_0$ 时,$X_L > X_C$,φ 角为正值,电路呈感性,电压超前电流。

当外施电压有效值不变时,电流频率特性为

$$I = \frac{U}{|Z|} = \frac{U}{\sqrt{R^2 + \left(\omega L - \dfrac{1}{\omega C}\right)^2}} \tag{8-14}$$

将上式分子和分母同除以 R,并将 $Q = \dfrac{\omega_0 L}{R}$ 代入,可得

$$I = \frac{I_0}{\sqrt{1 + Q^2 \left(\dfrac{\omega}{\omega_0} - \dfrac{\omega_0}{\omega}\right)^2}}$$

即

$$\frac{I}{I_0} = \frac{1}{\sqrt{1 + Q^2 \left(\eta - \dfrac{1}{\eta}\right)^2}} \tag{8-15}$$

式中,$\eta = \dfrac{\omega}{\omega_0}$。

以 $\dfrac{I}{I_0}$ 为纵轴,η 为横轴,根据上式可作一簇取不同 Q 值时的谐振曲线,如图 8-9 所示。可以看出,Q 值越大,曲线越尖锐,在谐振频率附近,电路电流很大,偏离谐

振频率,电流急剧下降,远离谐振频率处,电流变得更小,这种现象随 Q 值的增大而更为显著。在电子线路中,常用谐振电路从不同频率的信号中选出所需要的频率信号,谐振电路的这种性能称为电路的选择性。Q 值越高,选择性越好。

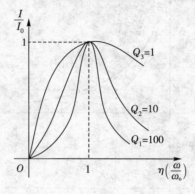

图 8-9 串联谐振电路的电流谐振曲线

(二)并联谐振电路

谐振也可以发生在并联电路中,下面以电感线圈与电容器的并联电路为例来讨论并联谐振。

1. 并联谐振的条件

将一电感线圈与电容器并联,当电路参数选取适当时,可使总电流和外加电压同相位,就称该电路发生了并联谐振。若考虑线圈的电阻,则线圈和电容器并联后的电路模型如图 8-10 所示,其中 R、L 的串联支路表示实际的线圈。该 RL 支路中的电流为

$$\dot{I}_1 = \frac{\dot{U}}{R + j\omega L}$$

电容支路中的电流为

$$\dot{I}_C = \frac{\dot{U}}{\frac{1}{j\omega C}} = j\omega C \dot{U}$$

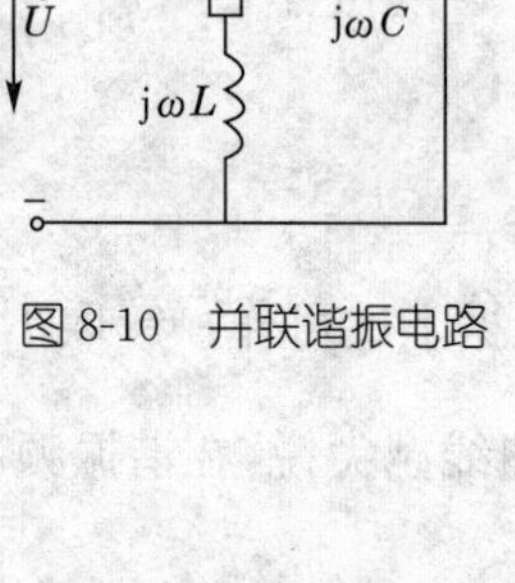

图 8-10 并联谐振电路

故总电流

$$\dot{I} = \dot{I}_1 + \dot{I}_2 = \frac{\dot{U}}{R+j\omega L} + j\omega C\dot{U} \tag{8-16}$$

$$= [\frac{R}{R^2+\omega^2 L^2} - j(\frac{\omega L}{R^2+\omega^2 L^2} - \omega C)]\dot{U}$$

上式表明,若使电路发生谐振,即电路中的电流和与外加电压同相位,式中的复数 $[\frac{R}{R^2+\omega^2 L^2} - j(\frac{\omega L}{R^2+\omega^2 L^2} - \omega C)]$ 虚部应为零,即

$$\frac{\omega L}{R^2+\omega^2 L^2} - \omega C = 0 \tag{8-17}$$

由此可求得并联谐振的角频率为

$$\omega = \omega_0 = \frac{1}{\sqrt{LC}}\sqrt{1-\frac{R^2 C}{L}} \tag{8-18}$$

谐振频率为

$$f_0 = \frac{1}{2\pi\sqrt{LC}}\sqrt{1-\frac{R^2 C}{L}} \tag{8-19}$$

由式(8-18)、式(8-19)可见,只有当 $1-\frac{R^2 C}{L} > 0$,即 $\sqrt{\frac{L}{C}} > R$ 时,ω_0 或 f_0 才是实数,电路才有可能发生谐振。当 $\sqrt{\frac{L}{C}} < R$ 时,ω_0 或 f_0 是虚数,电路不可能发生谐振。

通常线圈的电阻很小,$\omega L \gg R$,由式(8-18)、式(8-19)可得

$$\omega_0 \approx \frac{1}{\sqrt{LC}}, f_0 \approx \frac{1}{2\pi\sqrt{LC}} \tag{8-20}$$

式(8-17)与串联谐振的表达式基本一样。这就是说,当电感线圈的感抗 $\omega L \gg R$ 时,并联谐振的条件与串联谐振的条件基本相同。即相同的电感和电容接成并联或串联时,谐振频率几乎相等。

并联谐振的相量图如图 8-11 所示。

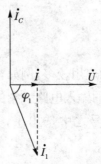

图 8-11 并联谐振的相量图

2. 并联谐振的特点

(1)谐振时电路的阻抗最大。

由式(8-16)可知

$$Z = \frac{\dot{U}}{\dot{I}} = \left[\frac{R}{R^2+\omega^2L^2} - j\left(\frac{\omega L}{R^2+\omega^2L^2} - \omega C\right)\right]^{-1}$$

因此,谐振时阻抗最大。

$$Z_0 = \frac{R^2 + \omega_0^2 L^2}{R}$$

将 $\omega_0 = \frac{1}{\sqrt{LC}}\sqrt{1-\frac{R^2C}{L}}$ 代入上式,得

$$Z_0 = \frac{L}{RC} \tag{8-21}$$

可见,并联谐振电路呈电阻性,其等效电阻由上式决定。

(2)并联谐振时,电路总电流最小,其大小为

$$I_0 = \frac{U}{|Z_0|} = \frac{URC}{L} \tag{8-22}$$

(3)并联谐振电路中,只要 $\omega L \gg R$,由图 8-11 可知,各支路中电流分别为

$$I_1 = \frac{U}{\omega_0 L}, I_C = \frac{U}{\frac{1}{\omega C}} = \omega_0 CU$$

两电流相位几乎相反,数值近似相等。并联谐振的品质因数

$$Q = \frac{I_1}{I_0} = \frac{I_C}{I_0} = \frac{\frac{U}{\omega_0 L}}{\frac{URC}{L}} = \frac{1}{\omega_0}RC = \omega_0 \frac{L}{R} \tag{8-23}$$

式(8-23)表明,电路谐振时,支路电流是总电流的 Q 倍。若 Q 值很大,则此时两支路电流就远大于总电流,因此,并联谐振又称电流谐振。

(三)谐振电路的应用

1. 串联谐振电路的应用

串联谐振在无线电技术中的应用较多,例如,在接收机中被用来选择信号,如图 8-12(a)所示是接收机中典型的输入电路。它的作用是将需要收听的信号从天线所收到的许多频率不同的信号之中选出来,其他不需要的信号则尽量加以抑制。

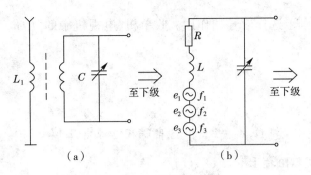

图 8-12 串联谐振的应用

输入电路的主要部分是天线线圈 L 与可变电容 C 组成的串联谐振。天线所收到的各种频率不同的信号都会在 LC 谐振电路中感应出相应的电动势 e_1、e_2、e_3、…，如图 8-12(b)所示，图中 R 是线圈的电阻。改变 C，使电路对 e_1（频率为 f_1）发生谐振，那么对 e_1 来讲，电路呈现的阻抗最小，在电路中产生的电流就最大，在电容器两端就得到一个较高的信号电压输出，并送至下一级进行放大。而其各种频率不同的信号虽然也在接收机里出现，但由于它们没有达到谐振，故在回路中引起的电流很小。这样就起到了选择信号和抑制干扰的作用。

例 8-2 已知某收音机输入回路的电感 $L = 260\ \mu H$，当电容调到 $100\ pF$ 时，发生串联谐振。求该电路的谐振频率。若想收听频率为 $640\ kHz$ 的电台广播，C 应为多大（设 L 不变）？

解 $f_0 = \dfrac{1}{2\pi\sqrt{LC}} = \dfrac{1}{2\times 3.14\times \sqrt{260\times 10^{-6}\times 100\times 10^{-12}}} \approx 990(kHz)$

$C = \dfrac{1}{(2\pi f)^2 L} = \dfrac{2}{(2\times 3.14\times 640\times 10^3)^2\times 260\times 10^{-6}} \approx 238(pF)$

2. 并联谐振电路的应用

并联谐振电路主要用来构成选频器或振荡器等，广泛用于电子设备中。图 8-13 所示为并联谐振选择信号的原理图。此电路对电源 $\dot{E}_1$ 某一频率谐振时，谐振回路呈现很大阻抗，因而电路中的电流很小。这样在内阻 R_i 上的压降也很小，于是在 A、B 两端就得到一个高电压输出。而对于其他频率，电路不发生谐振，阻抗较小，电流就较大，在内阻 R_i 上的压降也大，致使这些不需要的频率信号在 A、B 间形成的电压

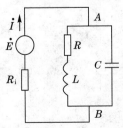

图 8-13 并联谐振的应用

很低,这样便起到了选择信号的作用。收单机、电视机中的"中周"就是由并联谐振电路构成的。

思考与练习

1. 已知 $Z_1=3+j4\ \Omega$、$Z_2=8-j6\ \Omega$ 串联在电源电压 $\dot{U}=220\angle-30°\ V$ 上,求电路电流 $\dot{I}$ 以及各阻抗上电压 $\dot{U}_1$、$\dot{U}_2$。

2. 电路如图 8-14 所示,$\dot{U}=100\angle-30°\ V$,$R=4\ \Omega$,$X_L=5\ \Omega$,$X_C=15\ \Omega$,试求 $\dot{I}_1$、$\dot{I}_2$ 和 $\dot{I}$,并画出相量图。

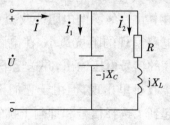

图 8-14　习题 2 图

3. 如图 8-15 所示正弦交流电路,已知 $\dot{U}=100\angle0°\ V$,$Z_1=1+j1\ \Omega$,$Z_2=3-j4\ \Omega$,求 $\dot{I}$、$\dot{I}_1$、$\dot{I}_2$,并画出相量图。

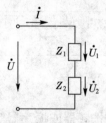

图 8-15　习题 3 图

4. 如图 8-16 所示电路,已知 $U=100\ V$,$R_1=20\ \Omega$,$R_2=10\ \Omega$,$X_2=10\sqrt{3}\ \Omega$。(1)求电流 I,并画出电压电流相量图;(2)计算电路的功率和功率因数。

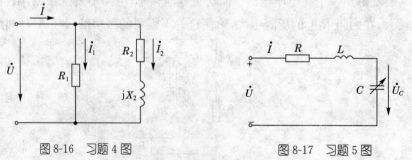

图 8-16　习题 4 图　　　　　图 8-17　习题 5 图

5. 电阻 R、电感 L 与一可调电容器 C 串联后,接在 $\omega=1000\ rad/s$ 的交流电源上,如图8-17所示。调节电容C,使电路达到谐振,测得电路端电压有效值$U=25\text{ V}$,电容器两端电压有效值$U_C=200\text{ V}$,电路电流$I=1\text{ A}$。求R、L、C及品质因数Q。

6. 一线圈$L=0.35\text{ mH}$,$R=25\text{ Ω}$,与电容$C=85\text{ pF}$并联时发生谐振。试求谐振角频率ω_0、谐振阻抗Z_0和品质因数Q。

参考答案

模块9　简易电子门铃的制作和调试

学习目标

□ 了解和认识发生暂态过程的客观规律。
□ 熟练掌握和运用换路定则。
□ 会计算电路的初始值。

工作任务

□ 简易电子门铃的制作和调试。
□ 用示波器观察电路充放电波形。
□ 用示波器测量电路充放电时间和振荡周期。

实训　简易电子门铃的制作和调试

做一做

一、实训目的

(1)熟悉电子电路的连接方法。
(2)掌握 RC 电路的暂态过程。
(3)了解 555 集成电路的基本功能。

二、实训器材和实训电路

(1)实训器材:直流稳压电源 1 台,双踪示波器 1 台,万能电路板 1 块,8 Ω 扬声器 1 个,按键 1 个,电阻、电容、导线若干。

(2)实训电路:实训电路如图 9-1 所示。图中 555 为集成定时器。555 定时器具有如下特点:当它按图 9-1 的方式将 2、6 脚连到一起时,若连接点的电位达到电源电压的 2/3,则 3 脚的输出电压等于 0 V,7 脚对地短路;若连接点的电位低于电源电压的 1/3,则 3 脚的输出电压等于电源电压,7 脚对地开路。

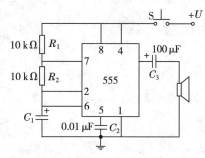

图 9-1　简易电子门铃电路

三、实训步骤

1. 连接电路

按图 9-1 在万能板上将电路连接好,注意 IC 的引脚及电容 C_1、C_3 的极性不要接错。

2. 通电试听

接通电源(5 V),按下按钮 S,可以听到扬声器发出单一频率的声音。松开按钮,声音停止。

3. 测试输出波形

打开示波器,用通道 1,输入探头的"地"与电路的"地"相连,中心头接至扬声器的上端。如果操作正确,当按下按钮喇叭发声时,我们可以在示波器上看到如图 9-2(a)所示的脉冲波形。读出输出波形的周期 T 及脉冲的宽度 T_1,并记录下来(为减少声音干扰,可以将扬声器从电路中断开)。

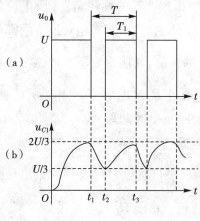

图 9-2　输出波形

4. 测试555集成块第2、6脚的波形

用示波器通道2,输入探头的中心头接555第2、6脚,"地"与"地"相连。按下按钮,此时,可以观测到如图9-2(b)所示的锯齿状波形。在荧光屏上比较通道1与通道2的波形,我们可以发现,锯齿波的最小值与输出波形从低电平向高电平过度对应,锯齿波的最大值与输出波形从高电平向低电平过渡对应。

5. 电容C_1对输出信号周期的影响

将电容C_1由10 μF换为20 μF,再次按步骤3与4进行测试,并记录周期T与脉冲宽度T_1。在这一步骤中可以发现,波形的形状基本没有改变,但波形的周期与脉冲宽度却变大了。

6. 电阻R_1对输出信号周期的影响

在步骤5的基础上,将电阻R_1由10 kΩ替换为20 kΩ,再次测试上面两处的波形,同时记录T与T_1。可以看出,T与T_1又变大了。

四、实训分析

1. 音频信号产生

在上面的实训中,我们在扬声器的输出端测得如图9-2(a)所示波形,它的频率恰好落在音频范围内,因此可以推动扬声器发出声音。我们知道,电路中并没有音频信号源,显然,加至扬声器的音频信号是电路自己产生的。音频信号产生的过程涉及电路的暂态过程,我们可以按如下过程来定性地理解电路的工作原理。

(1)从接通电源到C_1两端电压升高$\frac{2}{3}U$。接通电源后,由于电容C_1原先没有储存电荷,6脚电位为零。根据555的性质,其3脚电位等于电源电压,7脚对地开路。电源通过电阻R_1与R_2对电容C_1充电,使C_1两端电压升高。当C_1两端电压高于$\frac{2}{3}U$时,根据555的性质,其输出电压立即跳至0 V,7脚对地短路。由于7脚对地短路,电源无法再通过R_2对电容C_1充电,故C_1两端电压不可能再升高。这一段时间,与图9-2(b)中0~t_1时间段对应,从图9-2(b)中可以看到,在充电过程中电容器两端电压逐渐升高的情况。

(2)电容C_1两端电压从$\frac{2}{3}U$降至$\frac{1}{3}U$。C_1两端电压升至$\frac{2}{3}U$后无法再升高,同时也无法维护这一电压值。由于R_2上端通过555第7脚接地,C_1要通过R_2对地放电,故其两端电压随着放电过程慢慢降低。当C_1两端电压降至$\frac{1}{3}U$时,3脚

输出电压立即从 0 V 跳变到 U,7 脚对地开路。由于 7 脚开路,电容 C_1 不可能再通过 R_2 对地放电,故 C_1 两端电压不可能再降低。这一过程与图 9-2 中 $t_1 \sim t_2$ 时间段相对应,从图 9-2(b)中可以看到在放电过程中 C_1 两端电压逐渐降低的情况。

(3)充电放电的不断循环。显然,电路跳变后,电源 U 又要通过 R_1 与 R_2 对 C_1 充电,完成 $t_2 \sim t_3$ 的过程,引起电路又一次跳变。然后,C_1 又通过 R_2 放电,如此循环往复,形成了输出波形如图 9-2(a)所示的振荡。

2. 决定振荡周期的因素

在步骤 5 与 6 中,改变 C_1 或 R_1 的值,输出波形的周期发生了变化。显然,振荡周期与它们无关。从图 9-2(b)可以看出,振荡周期 T 等于电容充电时间与放电时间之和,充电时间明显大于放电时间。这是因为充电电流同时流过了 R_1 与 R_2,而放电电流只通过了 R_2。在电容充放电电路中,电流流经的电容与电阻的乘积越大,其充放电时间越长。

相关知识

一、换路定则

(一)稳态与暂态

在前面所讨论的电路中,无论是直流电路还是周期性交流电路,所有的激励和响应电路中的电压或电流,都是某一稳定值或某一稳定的时间函数,这种工作状态称为稳定状态,或称稳态。这时电路中的主要物理量(电压、电流等)达到给定条件下的稳态值,对于直流电,它的数值稳定不变;对于交流电,它的幅值、频率和变化规律稳定不变。然而自然界中物质的运动从一种状态到另一种稳定状态的变化都有一个过渡过程。例如,电动机从静止启动到额定转速需要一个加速过程,反过来,电动机从额定转速变为静止则需要一个减速过程。同理,实际电路在工作中经常发生开关的通断、元件参数的变化、连接方式的改变等情况,这些情况称为换路。电路发生换路时,通常要引起电路稳定状态的改变,电路中这种从一种稳态(包括未接电源前的稳态)变化到另一种稳态的过程,称为电路的过渡过程(暂态过程),简称暂态。

电路的暂态过程往往很短暂,但这短暂的过程却不可忽视,对它的研究十分重要。例如,电子技术中广泛使用的脉冲电路,就是始终在暂态下工作的。同时,在感性电路断开过程中出现的过电压现象,会影响电器设备的安全运行,必须加以防范。因此,研究暂态过程的目的是认识和掌握它的物理现象和规律,一方面,利用它解决某些电子技术问题(如电路器件的延时动作),根据它来改善某些电路

（如传递脉冲信号的电路）的性能；另一方面，研究暂态过程中可能出现的过电压、过电流的有害现象，并据此提出防护措施。

产生暂态过程的原因在于物质能量不能跃变。道理很简单，能量如果能跃变，就意味着能量的变化率（即功率）为无穷大，这显然是不可能的。在含有电容、电感贮能元件的电路中，这些元件上能量的积累和释放需要一定的时间。电感的贮能为 $W_L = \frac{1}{2}Li_L^2$，电容的贮能为 $W_C = \frac{1}{2}Cu_C^2$，在换路时，电感中的电流 i_L 和电容的电压 u_C 不能跃变，只能逐渐变化。如果电路的换路不引起元件贮能的变化，电路也就不会有暂态过程。如不含贮能元件的纯电阻电路，不存在能量的积累和释放现象，电路中的电压和电流都是可以跃变的，也就不存在暂态过程。

（二）换路定则及初始值的确定

当电路从一种稳定状态变化到另一种稳定状态的过程中，电感电流和电容电压必然是连续变化的，由此可得确定暂态过程初始值的换路定则。

设以换路瞬间作为计时起点，令此时 $t=0$，换路前终了瞬间以 $t=0_-$ 表示，换路后初始瞬间以 $t=0_+$ 表示，并用 $u_C(0_-)$ 和 $i_L(0_-)$ 分别表示换路前终了时刻的电容电压和电感电流，用 $u_C(0_+)$ 和 $i_L(0_+)$ 分别表示换路后初始时刻的电容电压和电感电流。那么换路定则可表示为

$$u_C(0_+) = u_C(0_-)$$
$$i_L(0_+) = i_L(0_-)$$

(9-1)

式中，$u_C(0_+)$ 和 $i_L(0_+)$ 分别称为电容电压和电感电流的初始值。确定电路的初始值是进行暂态分析的一个重要环节。式（9-1）所示的换路定则指出电容电压和电感电流在换路前后瞬间不能跃变。而其余的量，如电容中的电流、电感上的电压、电阻上的电压和电流等都是可以跃变的，因此，它们换路后一瞬间的值通常都不等于换路前一瞬间的值。把遵循换路定则的 $u_C(0_+)$ 和 $i_L(0_+)$ 称为独立初始值，而把其余的初始值如 $u_L(0_+)$、$i_C(0_+)$、$u_R(0_+)$ 和 $i_R(0_+)$ 等称为相关初始值。独立初始值可通过换路前的稳态电路求得。若电路是直流激励，则换路前的稳定电路应将电容看作开路，将电感看作短路，此时电容电压和电感电流的稳态值即为 $u_C(0_-)$ 和 $i_L(0_-)$，然后根据换路定则确定换路后的初始值 $u_C(0_+)$ 和 $i_L(0_+)$。相关初始值可通过求解 $t=0_+$ 时刻的等效电路求得。$t=0_+$ 时刻的等效电路就是在换路后 $t=0_+$ 时刻，将电路中的电容 C 用电压为 $u_C(0_+)$ 的电压源来代替，电感 L 用电流为 $i_L(0_+)$ 时的电流源来代替所得到的电路。而这里 $t=0_+$ 时刻的等效电路仅能用来确定电路各部分电压、电流的初始值，不能把它当作新的稳态电路。

注意，换路定则的结论在少数理想情况下不一定成立。例如，纯电容元件接通

理想电压源而连接导线电阻忽略不计时,电容元件 u_C 将会跃变;纯电感元件接通理想电流源,连接导线和线圈的绝缘绝对可靠(即可能成为并联分流电阻的绝缘电阻等于无限大)时,电感电流 i_L 也将会跃变。实际上,电源总有电阻,导线总有一点电阻,绝缘导线的绝缘性能虽高,但也有限度,因此,u_C 或 i_L 只是变化的非常快,即很接近跃变。

例 9-1 确定图 9-3(a)所示电路在 $t=0$ 时,S 闭合后各电压、电流的初始值。已知开关闭合前电容和电感均无贮能。

解 由已知条件可知,开关闭合前($t=0_-$ 时),$u_C(0_-)=0$,$i_L(0_-)=0$。据式(9-1)可知

$$u_C(0_+) = u_C(0_-) = 0, i_L(0_+) = i_L(0_-) = 0$$

可见,在 $t=0_+$ 这一瞬间,电容相当于短路,电感相当于开路,故得到该瞬间的等效电路如图 9-3(b)所示。

由图 9-3(b)可求出其余电流、电压的初始值,即

$$i_C(0_+) = i(0_+) = \frac{U}{R_1}$$

$$u_{R2}(0_+) = 0$$

$$u_L(0_+) = u_{R1}(0_+) = U$$

开关闭合后,各电流、电压将分别从以上各初始值开始变化。

从上例计算可以看出,虽然电容电压不能跃变,但是其中的电流可以跃变;虽然电感中的电流不能跃变,但其上的电压却可以跃变。

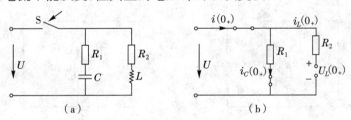

图 9-3 例 9-1 图

例 9-2 如图 9-4(a)所示电路,已知 $U_S=20\text{ V}$,$R_1=3\text{ }\Omega$,$R_2=2\text{ }\Omega$,$R_3=4\text{ }\Omega$,$L=2\text{ mH}$,开关 S 在 $t=0$ 时闭合,闭合开关 S 以前,电路已达到稳态。求开关 S 闭合的瞬间各支路电流、电容及电感的端电压。

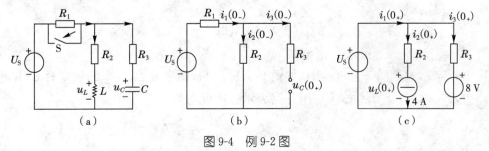

图 9-4 例 9-2 图

解 因为 i_2 是流过电感 L 的电流，u_C 是电容两端的电压，所以在所求初始值时，$i_2(0_+)$ 和 $u_C(0_+)$ 是独立初始值，其余为相关初始值。

先求 $i_2(0_+)$ 和 $u_C(0_+)$，为此，作出 $t=0_-$ 时刻的等效电路图，如图 9-4(b) 所示，据此图有

$$i_3(0_-) = 0$$

$$i_1(0_-) = i_2(0_-) = \frac{U_S}{R_1+R_2} = \frac{20}{3+2} = 4(\text{A})$$

$$u_C(0_-) = i_2(0_-) \cdot R_2 = 4 \times 2 = 8(\text{V})$$

由换路定则可得

$$i_2(0_+) = i_2(0_-) = 4\,\text{A}$$
$$u_C(0_+) = u_C(0_-) = 8\,\text{V}$$

再作出 $t=0_+$ 时刻的等效电路图，如图 9-4(c) 所示，电感 L 用 4 A 的电流源代替，电容 C 用 8 V 的电压源代替，则有

$$i_3(0_+) = \frac{U_S - u_C(0_+)}{R_3} = \frac{20-8}{4} = 3(\text{A})$$

$$i_1(0_+) = i_2(0_+) + i_3(0_+) = 4+3 = 7(\text{A})$$

$$u_L(0_+) = U_S - R_2 \cdot i_2(0_+) = 20 - 2 \times 4 = 12(\text{V})$$

例 9-3 如图 9-5(a) 所示电路，已知 S 闭合前电容和电感均未贮能，$R_1 = 10\,\Omega$，$R_2 = 20\,\Omega$，$C = 1\,\mu\text{F}$，$L = 0.1\,\text{H}$，$U_S = 20\,\text{V}$。试求开关 S 闭合后各电压、电流的初始值。

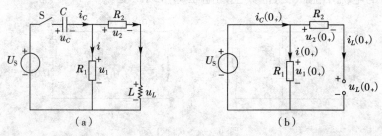

图 9-5 例 9-3 图

解 由已知条件，可得

$$u_C(0_-) = 0,\ i_L(0_-) = 0$$

根据换路定则有

$$u_C(0_+) = u_C(0_-) = 0$$
$$i_L(0_+) = i_L(0_-) = 0$$

作出 $t=0_+$ 时刻的等效电路图，如图 9-5(b) 所示，图中 $u_C(0_+)=0$，故电容 C 用短路表示；$i_L(0_+)=0$，故电感 L 用开路表示。由此可得

$$i(0_+) = i_C(0_+) = \frac{20}{10} = 2(\text{A})$$

$$u_1(0_+) = 20 \text{ V}$$
$$u_2(0_+) = 0 \text{ V}$$
$$u_L(0_+) = 20 \text{ V}$$

二、一阶动态电路的三要素法

(一)一阶动态电路的三要素法

用一阶微分方程来描述的电路称为一阶电路。一阶电路中仅有一个贮能元件(电容或电感),其他部分可以由电源和电阻组成。下面讨论只含电阻电容或只含电阻电感的一阶电路暂态过程的分析计算方法。

由于一阶电路可以用常系数线性微分方程来表示,因此,如果我们能列出一阶电路的电压或电流的常系数线性微分方程,并且按照数学上一般解常系数线性微分方程的方法,求出方程的解,那么就可以得到一阶电路的电压或电流。按数学上解一阶常系数线性微分方程的方法计算时发现,方程的解都是由稳态分量和暂态分量组成的。若将待求的电压或电流用 $f(t)$ 表示,其初始值和稳态值分别用 $f(0_+)$ 和 $f(\infty)$ 表示,则它们解的形式可写成

$$f(t) = f(\infty) + Ae^{-t/\tau}$$

式中 A 为待定的积分常数,当 $t = 0_+$ 时,有

$$A = f(0_+) - f(\infty)$$

因此,一阶电路的解可表示为

$$f(t) = f(\infty) + [f(0_+) - f(\infty)]e^{-t/\tau}, t \geqslant 0 \qquad (9-2)$$

由此可见,只要求出一阶电路的时间常数 τ,待求电路电流或电压的稳态值 $f(\infty)$ 以及它们的初始值 $f(0_+)$,就可以直接按式(9-2)写出暂态过程中电流或电压的解。$f(0_+)$、$f(\infty)$ 及时间常数 τ 称为一阶电路的三要素。不经过列电路微分方程求解的步骤,直接求出三要素,从而写出暂态过程中电流或电压的时间函数的方法,称为三要素法。

(二)稳态值 $f(\infty)$ 和时间常数 τ

式(9-2)中的初始值 $f(0_+)$ 我们已经会分析计算了,那么稳态值 $f(\infty)$ 和时间常数 τ 怎么计算呢?根据数学上解一阶常系数线性微分方程的方法,再结合具体的电路得出以下结论。

1. 稳态值 $f(\infty)$

稳态值是指电路换路后达到新的稳态时电压或电流的大小,依据稳态时(将电容看作开路,电感看作短路)的等效电路计算出稳态值。

当三要素 $f(0_+)$、$f(\infty)$ 及时间常数 τ 的值都计算出来后,再代入式(9-2),即可以得到所求的电压 $u(t)$ 或电流 $i(t)$。需要指出的是,三要素法仅适用于一阶线性电路,对二阶或高阶电路是不适用的。

2. 时间常数 τ

含电阻电容的一阶电路中,其时间常数 $\tau=RC$。时间常数 τ 的大小只决定于电路结构和电路参数,对于 RC 串联电路,$\tau=RC$,故电路中 R、C 越大,时间常数越大。从物理概念上来说,如电容 C 一定,电阻 R 越大,则充电电流越小,因此,充电过程越缓慢;如果 R 一定,则充电电流最大值 $\dfrac{U_S}{R}$ 一定,C 越大,电容器充电所需的电荷越多,因此,充电所需时间越长。需要说明的是,在具有多个电阻的 RC 电路中,应将 C 两端的其余电路作戴维南(或诺顿)等效,其等效电阻就是计算 τ 时所用的 R。

含电阻电感的一阶电路中,其时间常数 $\tau=\dfrac{L}{R}$,RL 电路暂态过程的快慢由时间常数 $\tau=\dfrac{L}{R}$ 决定。L 大意味着由电感所贮存的最终能量大,R 小则电流大,也意味着由电感所贮存的最终能量大。故 τ 越大,暂态过程的时间越长。改变电路参数(R、L)也可改变暂态过程时间的长短。同样,在具有多个电阻的 RL 电路中,应将 L 两端的其余电路作戴维南(或诺顿)等效,其等效电阻就是计算 τ 时所用的 R。

例 9-4 如图 9-6(a)所示电路,在 $t=0$ 时,开关 S 打开,设 S 打开前电路已达稳态,已知 $U_S=24\text{ V}$,$R_1=8\text{ }\Omega$,$R_2=4\text{ }\Omega$,$L=0.6\text{ H}$。求 $t\geqslant 0$ 时的 $i_L(t)$ 及 $u_L(t)$,并画出它们的波形。

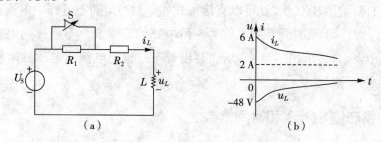

图 9-6 例 9-4 图

解 求初始值

$$i_L(0_+)=i_L(0_-)=\dfrac{U_S}{R_2}=\dfrac{24}{4}=6(\text{A})$$

$$u_L(0_+)=U_S-i_L(0_+)\cdot(R_1+R_2)=24-6\times(8+4)=-48(\text{V})$$

求稳态值

$$i_L(\infty) = \frac{U_S}{R_1+R_2} = \frac{24}{8+4} = 2(\text{A})$$

$$u_L(\infty) = 0(\text{V})$$

确定时间常数

$$\tau = \frac{L}{R} = \frac{L}{R_1+R_2} = \frac{0.6}{8+4} = 0.05(\text{s})$$

由三要素公式得

$$i_L(t) = i_L(\infty) + [i_L(0_+) - i_L(\infty)]e^{-t/\tau} = 2 + (6-2)e^{-t/0.05} = 2 + 4e^{-20t}\ \text{A}, t \geqslant 0$$

电感电压

$$u_L(t) = u_L(\infty) + [u_L(0_+) - u_L(\infty)]e^{-t/\tau} = -48e^{-t/0.05}\ \text{V}, t \geqslant 0$$

$i_L(t)$ 和 $u_L(t)$ 的波形如图9-6(b)所示。

例 9-5 如图9-7所示电路,当 $t=0$ 时,开关S闭合。已知 $U_S=12\ \text{V}$,$R_1=3\ \text{k}\Omega$,$R_2=6\ \text{k}\Omega$,$C=5\ \mu\text{F}$,$u_C(0_-)=0\ \text{V}$。求 $t \geqslant 0$ 时的 $u_C(t)$、$i_C(t)$ 及 $i(t)$。

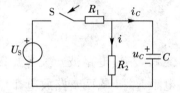

图 9-7 例 9-5 图

解 求初始值。因 $u_C(0_-)=0\ \text{V}$,换路后 $u_C(0_+)=u_C(0_-)=0\ \text{V}$

$$i(0_+) = 0\ \text{A}$$

$$i_C(0_+) = \frac{U_S}{R_1} = 4\ \text{mA}$$

求稳态值。由于 $t \to \infty$ 时电路进入新的稳态,C 相当于开路,故有

$$u_C(\infty) = \frac{R_2}{R_1+R_2} \cdot U_S = \frac{6}{3+6} \times 12 = 8(\text{V})$$

$$i_C(\infty) = 0(\text{A})$$

$$i(\infty) = \frac{U_S}{R_1+R_2} = 1.333(\text{mA})$$

时间常数

$$\tau = RC = \frac{R_1 R_2}{R_1+R_2} \cdot C = \frac{3000 \times 6000}{3000+6000} \times 5 \times 10^{-6} = 10 \times 10^{-3}(\text{s})$$

由三要素公式得

$$u_C(t) = u_C(\infty) + [u_C(0_+) - u_C(\infty)]e^{-t/\tau} = 8(1-e^{-100t})\ \text{V}, t \geqslant 0$$

$$i_C(t) = i_C(\infty) + [i_C(0_+) - i_C(\infty)]e^{-t/\tau} = 4e^{-100t}\ \text{mA}, t \geqslant 0$$

$$i(t) = i(\infty) + [i(0_+) - i(\infty)]e^{-t/\tau} = 1.333(1-e^{-100t})\ \text{mA}, t \geqslant 0$$

例 9-6 如图9-8所示电路,$t=0$ 时开关S由1打向2,换路之前电路已处于

稳定状态,已知 $U_S = 16$ V,$R_1 = 1$ Ω,$R_2 = 2$ Ω,$R_3 = 3$ Ω,$C = 5$ μF,求 $t \geq 0$ 时的 $u_C(t)$。

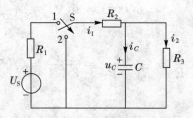

图 9-8 例 9-6 图

解 求初始值 $u_C(0_+)$。开关 S 切向 2 之前电路已达稳态,故

$$u_C(0_-) = \frac{R_3}{R_1 + R_2 + R_3} \cdot U_S = \frac{3}{1+2+3} \times 16 = 8(\text{V})$$

由换路定则得

$$u_C(0_+) = u_C(0_-) = 8 \text{ V}$$

稳态值为

$$u_C(\infty) = 0 \text{ V}$$

确定时间常数。$t \geq 0$ 之后,左边电路被开关 S 短接,左边电路对右边电路已不起作用。这时电容 C 经电阻 R_2 和 R_3 两支路放电,时间常数为

$$\tau = RC = \frac{R_2 R_3}{R_2 + R_3} \cdot C = 1.2 \times 5 \times 10^{-6} = 6 \times 10^{-6} (\text{s})$$

由三要素公式得

$$u_C(t) = u_C(\infty) + [u_C(0_+) - u_C(\infty)] e^{-t/\tau} = 8 e^{-10^6 t/6} \text{ V}, t \geq 0$$

例 9-7 如图 9-9(a)所示电路,$U_{S1} = 100$ V,$U_{S2} = 50$ V,$R_1 = R_2 = 50$ Ω,$C = 40$ μF,开关闭合前电路进入稳态。在 $t = 0$ 时 S 闭合,求 $t \geq 0$ 时的 $i(t)$。

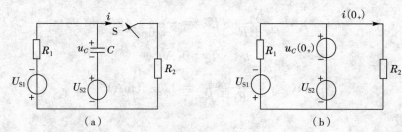

图 9-9 例 9-7 图

解 (1)求 $i(0_+)$。换路前电路已处于稳态,电容 C 相当于开路,故有

$$u_C(0_-) = -(U_{S1} + U_{S2}) = -(100 \text{ V} + 50 \text{ V}) = -150 \text{ V}$$

$$u_C(0_+) = u_C(0_-) = -150 \text{ V}$$

作出 $t = 0_+$ 时刻的等效电路图,如图 9-9(b)所示,则

$$i(0_+) = \frac{u_C(0_+) + U_{S2}}{R_2} = \frac{-150 \text{ V} + 50 \text{ V}}{50 \text{ Ω}} = -2 \text{ A}$$

(2)求 $i(\infty)$。开关闭合后电路再次进入稳态时,电容 C 又相当于开路,$t=\infty$ 时

$$i(\infty) = -\frac{U_{S1}}{R_1+R_2} = -\frac{100\text{ V}}{50\text{ }\Omega+50\text{ }\Omega} = -1\text{ A}$$

(3)求时间常数 τ。

$$\tau = RC = C\frac{R_1R_2}{R_1+R_2} = 40\times10^{-6}\times\frac{50\times50}{50+50} = 10^{-3}(\text{s})$$

据三要素公式有

$$i(t) = i(\infty) + [i(0_+) - i(\infty)]e^{-t/\tau}$$
$$= -1 + [-2-(-1)]e^{-t/0.001}$$
$$= -(1+e^{-1000t})(\text{A}), t\geqslant 0$$

例 9-8 如图 9-10(a)所示电路,$U_{S1}=10$ V,$U_{S2}=5$ V,$R_1=0.5$ kΩ,$R_2=1$ kΩ,$R_3=0.5$ kΩ,$C=0.1$ μF,开关 S 原处于位置 3,电容无初始贮能。在 $t=0$ 时,开关接到位置 1,经过一个时间常数后,又突然接到位置 2。试写出电容电压 $u_C(t)$ 的表达式,画出其波形图,并求 S 接到位置 2 后电容电压变到 0 V 所需的时间。

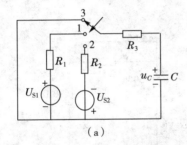
(a)
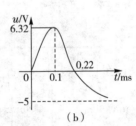
(b)

图 9-10 例 9-8 图

解 开关 S 接到位置 1 时(电容电压用 u_{C1} 表示)

$$u_{C1}(0_+) = u_{C1}(0_-) = 0\text{ V}$$
$$u_{C1}(\infty) = U_{S1} = 10\text{ V}$$
$$\tau_1 = (R_1+R_3)C = (0.5+0.5)\times10^3\times0.1\times10^{-6}\text{ s} = 0.1\text{ ms}$$

则

$$u_{C1}(t) = u_{C1}(\infty) + [u_{C1}(0_+) - u_{C1}(\infty)]e^{-t/\tau} = 10(1-e^{-10t})\text{ V},t\text{ 以 ms 计}$$

在经过一个时间常数 τ_1 后,开关 S 接到位置 2(电容电压用 u_{C2} 表示),此时

$$u_{C2}(\tau_{1+}) = u_{C2}(\tau_{1-}) = 6.32\text{ V}$$
$$u_{C2}(\infty) = -5\text{ V}$$
$$\tau_2 = (R_2+R_3)C = (1+0.5)\times10^3\times0.1\times10^{-6}\text{ s} = 0.15\text{ ms}$$

则

$$u_{C2}(t) = u_{C2}(\infty) + [u_{C2}(\tau_{1+}) - u_{C2}(\infty)]e^{\frac{-(t-\tau_1)}{\tau_2}} = -5 + 11.32e^{\frac{-(t-0.1)}{0.15}}\text{ V},t\geqslant 0.1\text{ ms}$$

所以,在 $0 \leqslant t < \infty$ 时,电容电压的表达式为

$$u_C(t) = 10(1-e^{-10t}) \text{ V} \quad 0 \leqslant t \leqslant 0.1 \text{ ms}$$

$$u_C(t) = (-5 + 11.32 e^{\frac{t-0.1}{0.15}}) \text{ V} \quad t \geqslant 0.1 \text{ ms}$$

在电容电压变化到零值时,即

$$-5 + 11.32 e^{\frac{t-0.1}{0.15}} = 0$$

得

$$t = 0.22 \text{ ms}$$

$u_C(t)$ 的波形如图 9-10(b) 所示。

思考与练习

1. 是否任何电路进行换路时都会产生暂态过程?
2. 电容的初始电压越高,是否放电时间越长?
3. 一阶电路的时间常数如何确定?时间常数的大小说明什么问题?
4. 用三要素法求一阶电路的响应时,其初始值用 $f(0_-)$ 可不可以?
5. 如图 9-11 所示各电路原已达稳态,在 $t=0$ 时换路。试求图注电压与电流在 $t=0_-$ 及 $t=0_+$ 的值。

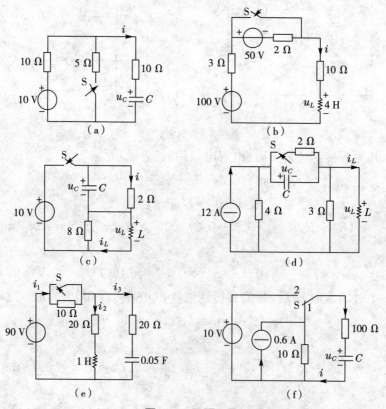

图 9-11 习题 5 图

6. 如图 9-12 所示,已知 $C=10~\mu\text{F}$, $R_1=40~\text{k}\Omega$, $R_2=60~\text{k}\Omega$, $U_\text{S}=12~\text{V}$。求:(1)S 闭合后 $t=0_+$ 时的初始值 $i(0_+)$ 和时间常数 τ;(2)合闸 1.5 s 时 u_{R_2} 的值。

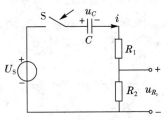

图 9-12　习题 6 图

7. 如图 9-13 所示,已知 $U_\text{S}=4~\text{V}$, $R_1=R_2=200~\Omega$, $R_3=100~\Omega$, $C=5~\mu\text{F}$。开关 S 于 $t=0$ 时闭合,试问当 $t=1~\text{ms}$ 时, u_C 为多少?

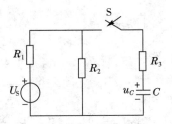

图 9-13　习题 7 图

8. 如图 9-14 所示,已知电容两端原已充电至 10 V, $R_1=R_2=10~\text{k}\Omega$, $R_3=5~\text{k}\Omega$, $C=10~\mu\text{F}$。当开关 S 闭合后,经过几秒以后,放电电流 i_C 才能下降至 0.1 mA?

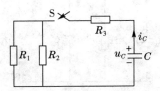

图 9-14　习题 8 图

9. 如图 9-15 所示,已知 $U_\text{S}=100~\text{V}$, $R_1=6~\Omega$, $R_2=4~\Omega$, $L=20~\text{mH}$。求开关 S 闭合后电流的变化规律及 S 合上 0.03 s 时的电流值。

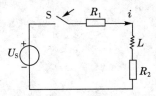

图 9-15　习题 9 图

10. 求如图 9-16 所示电路换路后的 $i(t)$，并绘出波形图。

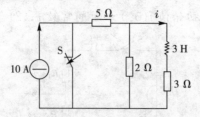

图 9-16 习题 10 图

11. 如图 9-17 所示电路，$U_S = 50$ V，$R_1 = 60$ kΩ，$R_2 = 40$ kΩ，$R_3 = 6$ kΩ，$C = 5$ μF。开关 S 闭合前电路已达到稳态，求开关 S 闭合后的 $i_C(t)$ 和 $u_C(t)$。

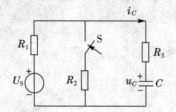

图 9-17 习题 11 图

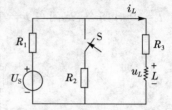

图 9-18 习题 12 图

12. 如图 9-18 所示电路，已知 $U_S = 24$ V，$R_1 = R_2 = 40$ Ω，$R_3 = 30$ Ω，$L = 2$ H。求开关 S 闭合后的 $i_L(t)$ 和 $u_L(t)$。

13. 如图 9-19 所示电路，在换路前电路已稳定，$C = 5$ μF，$t = 0$ 时，开关 S 合上，试求 $t \geq 0$ 时的响应 $u_C(t)$。

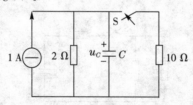

图 9-19 习题 13 图

参考答案

模块 10　变压器的结构

学习目标

☐ 理解互感系数的概念,并了解互感现象在实际中的应用。
☐ 掌握互感线圈的串联和并联。
☐ 掌握变压器的基本结构和变压器的工作原理。

工作任务

☐ 了解空心变压器、理想变压器的结构。
☐ 会测量变压器的原副边电压电流。

实训　单相变压器参数的实验测定

做一做

一、实训目的

(1) 测定变压器的空载电流。
(2) 测定变压器的变压比。
(3) 作出变压器的外特性曲线。

二、实训器材

交流电源 220 V 1 台,单相变压器(220/36 V)1 只,调压变压器(1 kVA,220 V/0~250 V)1 只,负载灯箱 1 组,交流电流表 2 块,万用表 1 块,单相功率表(220 V,5 A)1 只,导线若干。

三、实训步骤

(1)按图 10-1 连接电路。

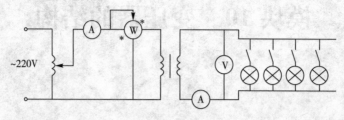

图 10-1 电路图

(2)测定变压器的空载电流和变比。接通电源,调节调压变压器,使输入原线圈的电压逐步增大到额定值,记录空载电流 I_0,并测量副线圈两端的电压 U_2,将数据填入表 10-1 中。

表 10-1 实验数据记录表

U_1/V	40	80	120	160	200	220	$K_{平均值}$
U_2/V							
I_0/mA							
$K=U_1/U_2$							

(3)变压器的外特性实验。接入负载灯箱,逐步增加负载直至原线圈电流 I_1 到额定值,在表 10-2 中记录每次负载变动后原线圈的电流 I_1、功率 P_1 以及副线圈的电压 U_2 和电流 I_2(约 5 次)。在负载变动过程中必须调节调压变压器,使输入原线圈的电压 U_1 始终是 220 V。

表 10-2 实验数据记录表

	测量值				计算值	
U_1/V	I_1/A	P_1/W	U_2/V	I_2/A	P_2/W	η
220						
220						
220						
220						
220						
				$\eta_{平均值}$:		

(4)绘制变压器外特性曲线。

四、注意事项

(1)在连接电路时,必须分清变压器原、副线圈的接线柱,不能接错。

(2)副线圈两端的电压 U_2 随负载电流 I_2 增加而下降得不太明显,应注意读数的准确性。

(3)在整个实验过程中,副线圈不能短路。

相关知识

一、互感

(一)互感现象与互感系数

1. 互感现象

假如两个线圈或回路靠得很近,当第一个线圈中有电流 i_1 通过时,它所产生的自感磁通 Φ_{11} 必然有一部分要穿过第二个线圈,这一部分磁通叫互感磁通,用 Φ_{21} 表示,它在第二个线圈上产生互感磁链 Ψ_{21}($\Psi_{21}=N_2\Phi_{21}$)。同样,当第二个线圈通有电流 i_2 时,它所产生的自感磁通 Φ_{22} 也会有一部分 Φ_{12} 要穿过第一个线圈,产生互感磁链 Ψ_{12}($\Psi_{21}=N_1\Phi_{12}$)。

如果电流 i_1 随时间变化,则 Ψ_{21} 也随时间变化,因此,在第二个线圈中将要产生感应电动势,这种现象叫互感现象。产生的感应电动势叫互感电动势。此时第二个线圈上的互感电动势为

$$E_{M2} = \frac{\Delta\psi_{21}}{\Delta t}$$

同理,当 i_2 随时间变化时,也要在第一个线圈中产生互感电动势,其值为

$$E_{M1} = \frac{\Delta\psi_{12}}{\Delta t}$$

2. 互感系数

为了确定互感电动势和电流的关系,我们首先研究互感磁通和电流的关系。如图 10-2 所示,N_1、N_2 分别为两个线圈的匝数。当线圈Ⅰ中有电流通过时,产生的自感磁通为 Φ_{11},自感磁链为 $\Psi_{11}=N_1\Phi_{11}$。Φ_{11} 的一部分穿过了线圈Ⅱ,这一部分磁通称为互感磁通 Φ_{21}。同样,当线圈Ⅱ通有电流时,它产生的自感磁通 Φ_{22} 有一部分穿过了线圈Ⅰ,为互感磁通 Φ_{12}。

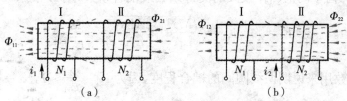

图 10-2 互感

设磁通 Φ_{21} 穿过线圈Ⅱ的所有各匝,则线圈Ⅱ的互感磁链

$$\Psi_{21} = N_2 \Phi_{21}$$

由于 Ψ_{21} 是线圈Ⅰ中电流 i_1 产生的,因此 Ψ_{21} 是 i_1 的函数,即

$$\Psi_{21} = M_{21} i_1$$

M_{21} 称为线圈Ⅰ对线圈Ⅱ的互感系数,简称互感。

同理,互感磁链 $\Psi_{12} = N_1 \Phi_{12}$ 是由线圈Ⅱ中的电流 i_2 产生,因此它是 i_2 的函数,即

$$\Psi_{12} = M_{12} i_2$$

可以证明,当只有两个线圈时,有

$$M = M_{21} = \frac{\Psi_{21}}{i_1} = \frac{\Psi_{12}}{i_2} = M_{12}$$

在国际单位制中,互感 M 的单位为亨利(H)。

互感的量值反映了一个线圈在另一个线圈中产生磁链的能力。若该线圈为空心线圈,则互感系数 M 的大小取决于两线圈的形状、尺寸、匝数和相对位置。

(二)耦合系数

互感线圈是通过磁场彼此影响的,这种影响称为磁耦合。耦合的紧密程度用耦合系数来衡量。下面研究两线圈间的互感系数和它们的自感系数之间的关系。

设 K_1、K_2 为各线圈产生的互感磁通与自感磁通的比值,即 K_1、K_2 表示每一个线圈所产生的磁通有多少与相邻线圈相交链。

$$K_1 = \frac{\varphi_{21}}{\varphi_{11}} = \frac{\frac{\Psi_{21}}{N_1}}{\frac{\Psi_{11}}{N_2}} = \frac{\Psi_{21} N_1}{\Psi_{11} N_2}$$

由于 $\Psi_{21} = M i_1$、$\Psi_{11} = L_1 i_1$,因此

$$K_1 = \frac{\varphi_{21}}{\varphi_{11}} = \frac{\Psi_{21} N_1}{\Psi_{11} N_2} = \frac{M i_1 N_1}{L_1 i_1 N_2} = \frac{M N_1}{L_1 N_2}$$

同理得

$$K_2 = \frac{\varphi_{12}}{\varphi_{22}} = \frac{M N_2}{L_2 N_1}$$

K_1 与 K_2 的几何平均值叫作线圈的交链系数或耦合系数,用 K 表示,即

$$K = \sqrt{K_1 K_2} = \sqrt{\frac{M N_1}{L_1 N_2} \times \frac{M N_2}{L_2 N_1}} = \frac{M}{\sqrt{L_1 L_2}}$$

耦合系数用来说明两线圈间的耦合程度,因为 $K_1 = \frac{\varphi_{21}}{\varphi_{11}} \leqslant 1$,$K_2 = \frac{\varphi_{12}}{\varphi_{22}} \leqslant 1$,所以 K 的值在 0 与 1 之间。当 $K=0$ 时,说明线圈产生的磁通互不交链,因此不存在

互感；当 K=1 时，说明两个线圈耦合得最紧，一个线圈产生的磁通全部与另一个线圈相交链，其中没有漏磁通，因此产生的互感最大，这种情况又称为全耦合。

互感系数决定于两线圈的自感系数和耦合系数，即

$$M = K\sqrt{L_1 L_2}$$

(三) 互感电动势

设两个靠得很近的线圈，当第一个线圈的电流 i_1 发生变化时，将在第二个线圈中产生互感电动势 E_{M2}，根据电磁感应定律，可得

$$E_{M2} = \frac{\Delta \psi_{21}}{\Delta t}$$

设两线圈的互感系数 M 为常数，将 $\Psi_{21} = Mi_1$ 代入上式，得

$$E_{M2} = \frac{\Delta(Mi_1)}{\Delta t} = M\frac{\Delta i_1}{\Delta t}$$

同理，当第二个线圈中电流 i_2 发生变化时，在第一个线圈中产生的互感电动势 E_{M1} 为

$$E_{M1} = M\frac{\Delta i_2}{\Delta t}$$

上式说明，线圈中的互感电动势与互感系数和另一线圈中电流的变化率的乘积成正比。互感电动势的方向可用楞次定律来判断。

互感现象在电工和电子技术中应用非常广泛，如电源变压器、电流互感器、电压互感器和中周变压器等都是根据互感原理工作的。

二、互感电路的连接

(一) 互感线圈的同名端

1. 同名端

在电子电路中，对两个或两个以上有电磁耦合的线圈，常常需要知道互感电动势的极性。

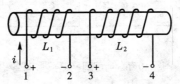

图 10-3　互感线图的极性

如图 10-3 所示，两个线圈 L_1、L_2 绕在同一个圆柱形铁棒上，L_1 中通有电流 i。

(1) 当 i 增大时，它所产生的磁通 Φ_1 增加，L_1 中产生自感电动势，L_2 中产生互

感电动势,这两个电动势都是由磁通 Φ_1 的变化引起的。根据楞次定律可知,它们的感应电流都要产生与磁通 Φ_1 相反的磁通,以阻碍原磁通 Φ_1 的增加。由安培定则可以确定 L_1、L_2 中感应电动势的方向,即电源的正、负极,标注在图上,可知端点 1 与 3、2 与 4 的极性相同。

(2) 当 i 减小时,L_1、L_2 中的感应电动势方向都反了过来,但端点 1 与 3、2 与 4 的极性仍然相同。

(3) 无论电流从哪端流入线圈,1 与 3、2 与 4 的极性都保持相同。

这种在同一变化磁通的作用下,感应电动势极性相同的端点叫同名端,感应电动势极性相反的端点叫异名端。

2. 同名端的表示法

在电路中,一般用"·"或"＊"表示同名端,如图 10-4 所示。在标出同名端后,每个线圈的具体绕法和它们之间的相对位置就不需要在图上表示出来了。

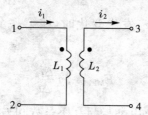

图 10-4　同名端表示法

3. 同名端的判定

(1) 若已知线圈的绕法,可用楞次定律直接判定。

(2) 若不知道线圈的具体绕法,可用实验法来判定。

图 10-5 是判定同名端的实验电路。当开关 S 闭合时,电流从线圈的端点 1 流入,且电流随时间增加而增大。若此时电流表的指针向正刻度方向偏转,则说明 1 与 3 是同名端,否则 1 与 3 是异名端。

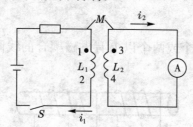

图 10-5　判定同名端实验电路

(二) 互感线圈的串联

互感线圈的串联分为顺串和反串两种。如果异名端相接,则电流从两线圈的同名端流入,称为顺向串联(简称顺串),如图 10-6(a)所示;如果同名端相接,则电流从两线圈的异名端流入,称为反向串联(简称反串),如图 10-6(b)所示;无论何种接法,电感串联均可等效为图 10-6(c)所示两个彼此无互感的电感元件串联。当然,接法不同,等效参数也不同。

1. 顺串

耦合电感顺向串联时,根据基尔霍夫电压定律,若电流与电压的参考方向如图 10-6(a)所示,则两线圈的电压 u_1、u_2 与电流 i 的关系为

$$u_1 = u_{L1} + u_{M1} = L_1 \frac{di}{dt} + M \frac{di}{dt} = (L_1 + M) \frac{di}{dt}$$

$$u_2 = u_{L2} + u_{M2} = L_2 \frac{di}{dt} + M \frac{di}{dt} = (L_2 + M) \frac{di}{dt}$$

式中,u_{L1}、u_{L2} 是电流 i 在两线圈中所产生的自感电压;u_{M1} 是电流 i 通过线圈 2 时在线圈 1 中所产生的互感电压;u_{M2} 是电流 i 通过线圈 1 时在线圈 2 中所产生的互感电压。

图 10-6(a)所示顺串电路中的总电压为

$$u = u_1 + u_2 = L_1 \frac{di}{dt} + M \frac{di}{dt} + L_2 \frac{di}{dt} + M \frac{di}{dt} = (L_1 + L_2 + 2M) \frac{di}{dt}$$

在正弦交流电路中,上式可写成相量形式,即

$$\begin{aligned} \dot{U} &= \dot{U}_{L1} + \dot{U}_{M1} + \dot{U}_{L2} + \dot{U}_{M2} \\ &= j\omega(L_1 + L_2 + 2M)\dot{I} = j\omega L_S \dot{I} \end{aligned} \quad (10-1)$$

所以顺串电路中等效总电感为

$$L_S = L_1 + L_2 + 2M \quad (10-2)$$

对于图 10-6(c)所示的去耦串联电路,两电感的电压与电流的关系为

$$u_1 = L'_1 \frac{di}{dt}$$

$$u_2 = L'_2 \frac{di}{dt}$$

若图 10-6(a)与图 10-6(c)所示两电路等效,则两组电压与电流的关系式中对应项的系数必相等,故串联去耦等效电路中两元件的参数。

$$\begin{aligned} L'_1 &= L_1 + M \\ L'_2 &= L_2 + M \end{aligned} \quad (10-3)$$

上式中,L'_1、L'_2 即顺向串联时两线圈的等效电感,串联电路的等效电感则为

$$L_S = L'_1 + L'_2 = L_1 + L_2 + 2M$$

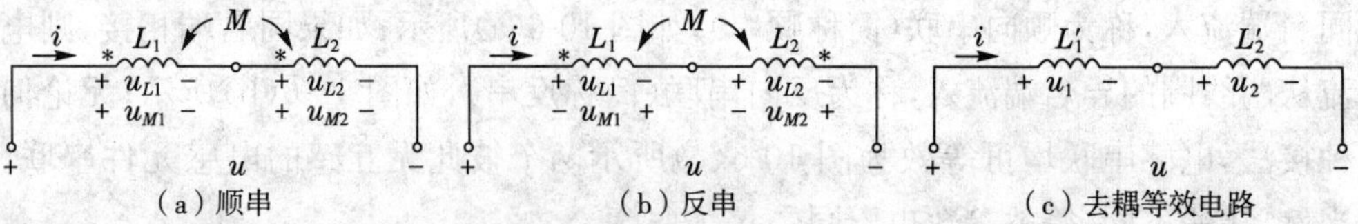

图(a) 顺串　　　　(b) 反串　　　　(c) 去耦等效电路

图 10-6　耦合等效电感的串联

2. 反串

耦合电感反向串联时,根据基尔霍夫电压定律,若电流与电压的参考方向如图 10-6(b)所示,则两线圈的电压 u_1、u_2 与电流 i 的关系为

$$u_1 = u_{L1} - u_{M1} = L_1 \frac{di}{dt} - M \frac{di}{dt} = (L_1 - M) \frac{di}{dt}$$

$$u_2 = u_{L2} - u_{M2} = L_2 \frac{di}{dt} - M \frac{di}{dt} = (L_2 - M) \frac{di}{dt}$$

图 10-6(b)所示反串电路中的总电压为

$$u = u_1 + u_2 = L_1 \frac{di}{dt} - M \frac{di}{dt} + L_2 \frac{di}{dt} - M \frac{di}{dt} = (L_1 + L_2 - 2M) \frac{di}{dt}$$

在正弦交流电路中,上式可写成相量形式,即

$$\dot{U} = \dot{U}_{L1} - \dot{U}_{M1} + \dot{U}_{L2} - \dot{U}_{M2}$$
$$= j\omega(L_1 + L_2 - 2M)\dot{I} = j\omega L_f \dot{I} \tag{10-4}$$

所以反串联电路中等效总电感为

$$L_f = L_1 + L_2 - 2M \tag{10-5}$$

反串电路同样可以用图 10-6(c)所示的去耦串联电路等效。

L_S 大于 L_f,从物理实质上来说,是由于顺向串联时电流从同名端流入,两磁通相互增强,总磁链增加;而反向串联时情况正好相反,总磁链减少,因而等效电感减小。

由上述分析可见,当互感线圈顺向串联时,等效电感增加;反向串联时,等效电感减少,有消弱电感的作用。一般情况下,互感磁通是自感磁通的一部分,$L_1 + L_2 > 2M$,即 $L_f > 0$,因此整个电路仍为感性。两个互感线圈若串联(如反接时),其等效电感可能比其中任何一个电感都小。例如,当 $L_1 = L_2$,$L_1 + L_2 = 2M$ 时,在反接情况下,总等效电感 $L = 0$。

3. 利用耦合电感串联的方法测定互感线圈的同名端和互感系数

由于耦合电感串联两种接法的等效电感不相等,因而在同样的电压下电路中的电流也不相等,顺接时等效电感大而电流小,反接时等效电感小而电流大。因此,可通过实验测定耦合电感的同名端。

此外,由式(10-3)和式(10-5)可得

$$L_S - L_f = L_1 + L_2 + 2M - (L_1 + L_2 - 2M)$$

所以

$$M = \frac{L_S - L_f}{4} \quad (10-6)$$

在测定同名端时,分别测得 L_S、L_f,即可间接测得两线圈的互感系数。

例 10-1 如图 10-7 所示,有两个电感线圈,分别测得 $R_1 = 5\ \Omega$,$R_2 = 10\ \Omega$,将它们串联起来,加上 50 Hz 正弦电压 220 V,测得电流 I_a 为 10 A,将其中一个线圈反向后再串联起来,测得电流 I_b 为 5 A。(1)判别它们的同名端;(2)求互感 M。

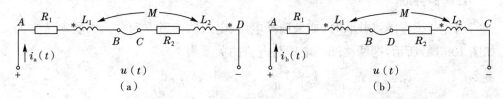

图 10-7 例 10-1 图

解 (1)因 $I_a > I_b$,故前者为反向串联,后者为顺向串联,同名端如图 10-7 所示。

(2) $|Z_a| = \dfrac{U}{I_a} = \dfrac{220}{10} = \sqrt{(R_1 + R_2)^2 + (\omega L_f)^2}$

$$22^2 = 15^2 + (\omega L_f)^2$$

$$L_f = \frac{16.1}{314} = 0.0513(\text{H})$$

$|Z_b| = \dfrac{U}{I_b} = \dfrac{220}{5} = \sqrt{(R_1 + R_2)^2 + (\omega L_S)^2}$

$$44^2 = 15^2 + (\omega L_S)^2$$

$$L_S = 0.132(\text{H})$$

$$M = \frac{L_S - L_f}{4} = \frac{0.132 - 0.0513}{4} = 0.0202(\text{H}) = 20.2(\text{mH})$$

(三)互感线圈的并联

耦合线圈的并联分为同侧并联和异侧并联两种情况。同名端相接的称为同侧并列,如图 10-8(a)所示;异名端相接的称为异侧并联,如图 10-8(b)所示。无论何种接法,耦合电感并联都可以等效为图 10-7(c)所示两个彼此无互感的电感元件并联,称为并联去耦等效电路。当然,不同接法的等效参数也是不同的。

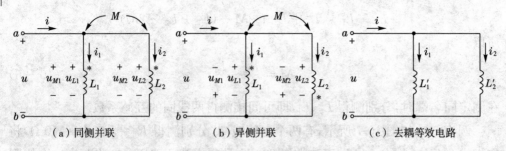

(a) 同侧并联　　　　(b) 异侧并联　　　　(c) 去耦等效电路

图 10-8　耦合电感的并联

1. 同侧并联

耦合电感作同侧并联时，如果选择电压、电流的参考方向均为关联参考方向，如图 10-8(a)所示，则两线圈的电压与电流的关系为

$$\begin{cases} u = u_{L1} + u_{M1} = L_1 \dfrac{di_1}{dt} + M \dfrac{di_2}{dt} \\ u = u_{L2} + u_{M2} = L_2 \dfrac{di_2}{dt} + M \dfrac{di_1}{dt} \end{cases} \tag{10-7}$$

在正弦交流电路中，上式可写成相量形式，即

$$\dot{U} = j\omega L_1 \dot{I}_1 + j\omega M \dot{I}_2 \tag{10-8}$$

解式(10-7)方程组，得

$$(L_2 - M)u = (L_1 L_2 - M^2) \frac{di_1}{dt}$$

$$(L_1 - M)u = (L_1 L_2 - M^2) \frac{di_2}{dt}$$

所以有

$$u = \frac{L_1 L_2 - M^2}{L_2 - M} \frac{di_1}{dt} = L'_1 \frac{di_1}{dt}$$

及 $u = \dfrac{L_1 L_2 - M^2}{L_1 - M} \dfrac{di_2}{dt} = L'_2 \dfrac{di_2}{dt}$

上面两式即耦合电感作同侧并联时每个线圈电压与电流的关系。

图 10-8(c)是图 10-8(a)的去耦并联等效电路，其中

$$L'_1 = \frac{L_1 L_2 - M^2}{L_2 - M}$$

$$L'_2 = \frac{L_1 L_2 - M^2}{L_1 - M} \tag{10-9}$$

上式中 L'_1、L'_2 亦即同侧并联时两线圈的等效电感，进一步不难算得并联电路总的等效电感为

$$L_{同} = \frac{L_1 L_2 - M^2}{L_1 + L_2 - 2M} \tag{10-10}$$

2. 异侧并联

耦合电感作异侧并联时,如果选择电压、电流的参考方向如图 10-8(b)所示,同理可得异侧并联时两线圈的去耦等效电路中的等效电感为

$$L'_1 = \frac{L_1 L_2 - M^2}{L_2 + M} \qquad (10-11)$$

$$L'_2 = \frac{L_1 L_2 - M^2}{L_1 + M}$$

那么,并联电路的等效电感为

$$L_{异} = \frac{L_1 L_2 - M^2}{L_1 + L_2 + 2M} \qquad (10-12)$$

例 10-2 如图 10-9 所示互感线圈,$L_1 = L_2 = 0.2\ \text{H}$,$M = 0.1L$。求:(1)$b$、$d$ 端相接时,等效电感 L_{ac};(2)c、a 及 d、b 分别相接时,等效电感 L_{ab};(3)c、d 开路时,等效电感 L_{ab}。

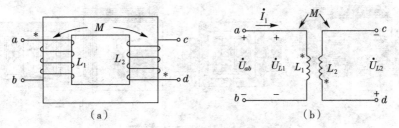

图 10-9 例 10-2 图

解 根据同名端的定义判断两线圈同名端,并用耦合电感元件来表示,如图 10-9(b)所示。

(1)b、d 端相接,则两互感线圈为顺接,由式(10-2)可得

$$L_{ab} = L_1 + L_2 + 2M = 0.2 + 0.2 + 2 \times 0.1 = 0.6(\text{H})$$

(2)c、a 及 d、b 相接,则两互感线圈为异侧并联,由式(10-12)可得

$$L_{ab} = \frac{L_1 L_2 - M^2}{L_1 + L_2 + 2M} = \frac{0.2 \times 0.2 - 0.1^2}{0.2 + 0.2 + 2 \times 0.2} = \frac{0.03}{0.6} = 0.05(\text{H})$$

(3)c、d 开路时,该回路不可能有电流。假定在 a 端有一个电流 1 流入,在 L_1 上仅有 1 产生的自感电压 L_1,它的参考方向如图 10-8(b)所示。虽然 L_2 上有互感电压 L_2,但不构成回路。$i_2(t) = 0$,因此,仅有

$$u_{ab}(t) = L_1 \frac{\mathrm{d}i_1(t)}{\mathrm{d}t}$$

用相量表示为

$$\dot{U}_{ab} = \mathrm{j}\omega L_1 \dot{I}_1$$

$$\dot{U}_{ab} = \mathrm{j}\omega L_1 \dot{I}_1$$

$$Z_{ab} = \frac{\dot{U}_{ab}}{\dot{I}_1} = j\omega \dot{I}_1$$

则
$$L_{ab} = L_1 = 0.2 \text{ H}$$

三、变压器

(一)变压器的基本构造

不同类型的变压器,尽管在具体结构、外形、体积和重量上有很大的差异,但是它们的基本结构都是相同的,变压器主要由铁芯和绕组两部分构成。铁芯是变压器磁路的主体部分,是用磁导率较高且相互绝缘的硅钢片冲压成一定形状后叠装而成的,厚度为 0.35 mm 或 0.5 mm,以便减少涡流和磁滞损耗。按其构造形式可分为芯式和壳式两种,如图 10-10(a)、图 10-10(b)所示。

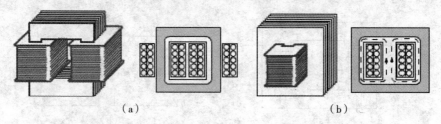

图 10-10 芯式和壳式变压器

绕组是变压器电路的主体部分,负担着输入和输出电能的任务。我们把变压器与电源相接的一侧称为原边,相应绕组称为原绕组(或一次绕组),其电磁量用下标数字"1"表示;而与负载相接的一侧称为副边,相应绕组称为副绕组(或二次绕组),其电磁量用下标数字"2"表示。通常原、副绕组的匝数不相等,匝数多的电压较高,称为高压绕组;匝数少的电压较低,称为低压绕组;为了加强绕组间的电磁耦合作用,原、副绕组同心地套在一铁芯柱上的绕组结构型式,称为同芯式绕组。为了有利于处理绕组和铁芯之间的绝缘,通常总是将低压绕组安放在靠近铁芯的内层,而将高压绕组套在低压绕组外面。同芯式绕组是变压器中最常用的一种绕组结构形式。

(二)变压器的工作原理

1. 变压器的空载运行

变压器的原绕组施加额定电压、副绕组开路(不接负载)的运行情况,称为空载运行。图 10-11 所示是普通双绕组单相变压器空载运行的示意图,为了分析方便,原、副绕组分别画在两个铁芯柱上。

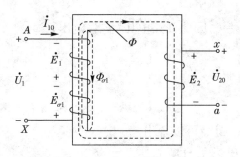

图 10-11 变压器的空载运行

当一次绕组接电源电压 $\dot{U}_1$ 时,一次绕组中通过的电流称为空载电流,用符号 $\dot{I}_{10}$ 表示。$\dot{I}_{10}$ 建立变压器铁芯中的磁场,故又称为励磁电流。由于变压器铁芯由硅钢片叠成,而且是闭合的,即气隙很小,因此建立工作磁通(主磁通)Φ 所需的励磁电流 $\dot{I}_{10}$ 并不大,其有效值约为一次绕组额定电流(长期连续工作允许通过的最大电流)的 2.5%~10%。主磁通在一次绕组中产生的感应电动势为

$$\dot{E}_1 = -j4.44 N_1 f \Phi_m$$

式中,N_1 是原绕组匝数;f 是电源频率;Φ_m 是主磁通的最大值。

同理,二次绕组中的感应电动势为

$$\dot{E}_2 = -j4.44 N_2 f \Phi_m$$

因此

$$\frac{\dot{E}_1}{\dot{E}_2} = \frac{N_1}{N_2} = K$$

或写成有效值

$$\frac{E_1}{E_2} = \frac{N_1}{N_2} = K$$

式中,$K = \dfrac{N_1}{N_2}$ 称为变压器绕组的匝数比。显然,一次、二次绕组的感应电动势之比等于绕组的匝数比,即变压比。

根据交流铁芯线圈的分析结论,可写出一次绕组的电压平衡方程式为

$$\dot{U}_1 = \dot{I}_{10} R_1 - \dot{E}_1 - \dot{E}_{\sigma 1}$$

上式中,$\dot{E}_{\sigma 1}$ 为穿过一次绕组的漏磁通 $\varphi_{\sigma 1}$ 在一次绕组中产生的感应电动势,数值较小。一次绕组的电阻 R_1 也比较小,$\dot{I}_{10}$ 也不大,因此 $\dot{I}_{10} \cdot R_1$ 也较小。忽略 $\dot{I}_{10} \cdot R_1$ 和 $\dot{E}_{\sigma 1}$,则

$$\dot{U}_1 \approx -\dot{E}_1$$

或写成有效值

$$U_1 = E_1 \tag{10-13}$$

由于二次绕组开路，$\dot{I}_2=0$，因此开路电压（空载电压）

$$\dot{U}_{20} \approx \dot{E}_2$$

或写成有效值

$$U_{20} \approx E_2 \tag{10-14}$$

由式(10-13)和式(10-14)可以得出

$$\frac{U_1}{U_{20}} \approx \frac{E_1}{E_2} = \frac{N_1}{N_2} = K$$

上式表明一次、二次绕组的电压比等于匝数比。只要改变一次、二次绕组的匝数比，就可以进行电压变换，哪个绕组的匝数多，其电压就高。

2. 变压器的负载运行

变压器的一次绕组接上电压 $\dot{U}_1$、二次绕组接上负载 Z_L 时的运行情况，称为变压器的负载运行，如图 10-12 所示。

由于变压器接通负载，感应电动势 $\dot{E}_2$ 将在二次绕组中产生电流 $\dot{I}_2$，一次绕组中的电流由 $\dot{I}_{10}$ 变化为 $\dot{I}_1$，因此，负载运行时，变压器铁芯中的主磁通 Φ 由磁动势 $\dot{I}_2 N_2$ 和 $\dot{I}_1 N_1$ 共同作用产生。根据常磁通概念，由于负载和空载时一次电压 $\dot{U}_1$ 不变，因此铁芯中主磁通的最大值 Φ_m 不变，故磁动势

$$\dot{I}_1 N_1 + \dot{I}_2 N_2 = \dot{I}_{10} N_1$$

这是变压器接负载时的磁动势平衡方程式。由于空载电流比较小，与负载时电流相比，可以忽略空载磁动势 $\dot{I}_{10} N_1$，因此

$$\dot{I}_1 N_1 + \dot{I}_2 N_2 \approx 0$$

改写为

$$\frac{\dot{I}_1}{\dot{I}_2} \approx -\frac{N_1}{N_2} = -\frac{1}{K}$$

或写成有效值

$$\frac{I_1}{I_2} = \frac{1}{K} \tag{10-15}$$

式(10-15)反映了变压器变换电流的功能，即一次、二次绕组的电流比等于匝数比的倒数。

负载运行时，根据图 10-12 所示参考反向，可写出变压器一次、二次绕组中的电压平衡方程式，分别为

$$\dot{U}_1 = \dot{I}_1 R_1 - \dot{E}_1 - \dot{E}_{\sigma 1}$$

$$\dot{U}_2 = -\dot{I}_2 R_2 + \dot{E}_2 + \dot{E}_{\sigma 2}$$

忽略数值较小的漏抗压降和电阻压降,则

$$\dot{U}_1 \approx -\dot{E}_1$$

$$\dot{U}_2 \approx \dot{E}_2$$

或写成有效值

$$U_1 \approx E_1 = 4.44 N_1 f \Phi_m$$

$$U_2 \approx E_2 = 4.44 N_2 f \Phi_m$$

因此可得

$$\frac{U_1}{U_2} \approx \frac{E_1}{E_2} = \frac{N_1}{N_2} = K \tag{10-16}$$

式(10-16)表明变压器一次、二次绕组的电压比等于匝数比的结论不仅适用于空载运行情况,也适用于负载运行情况,不过负载运行比空载运行时的误差稍大些。

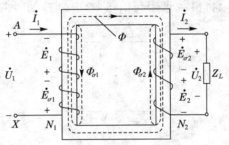

图 10-12 变压器的负载运行

3. 变压器的阻抗变换作用

在电子线路中,常利用变压器的阻抗变换功能来达到阻抗匹配的目的。在图 10-13(a)中,负载阻抗 Z_L 接在变压器副边,而图中虚线框起的部分可以用一个等效的阻抗 Z'_L 来代替,如图 10-13(b)所示。所谓"等效",就是在电源相同情况下,电源输入图 10-13(a)和图 10-13(b)电路的电压、电流和功率保持不变。为简化分析,设变压器为理想变压器,即忽略变压器原、副绕组的漏阻抗 Z_1、Z_2、励磁电流 $\dot{I}_0$ 和损耗(数值默认为零),而等效等于 100%。虽然理想变压器实际上并不存在,但性能良好的铁芯变压器的特性与理想变压器很接近。

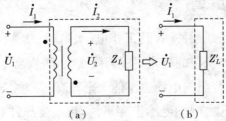

图 10-13 变压器的阻抗变换作用

对图 10-13(a)，根据(10－15)和式(10－16)可得

$$\frac{U_1}{I_1} = \frac{(N_1/N_2)U_2}{(N_2/N_1)I_2} = \left(\frac{N_1}{N_2}\right)^2 \frac{U_2}{I_2} = K^2|Z_L|$$

则

$$\frac{U_1}{I_1} = |Z'_L|$$

根据等效原理和条件可得

$$|Z'_L| = \left(\frac{N_1}{N_2}\right)^2 |Z_L| = K^2|Z_L| \qquad (10-17)$$

式(10－17)表明，接在变压器副边的阻抗对原边电流而言，相当与接上等效阻抗为 $K^2 Z_L$ 的负载，这就是变压器变阻抗的作用。

例 10-3 如图 10-14 所示，交流信号源的 $E=120$ V，内阻 $R_0=800$ Ω，负载电阻 $R_L=8$ Ω。(1)如 R_L 折算到原边的等效电阻 $R'_L = R_0$，试求变压器的变比和信号源输出的功率；(2)当将负载直接与信号源连接时，信号源输出多大功率？

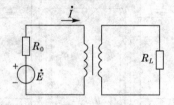

图 10-14 例 10-3 图

解 (1)变压器的变比应为

$$K = \frac{N_1}{N_2} = \sqrt{\frac{R'_L}{R_L}} = \sqrt{\frac{800}{8}} = 10$$

信号源输出功率为

$$P = \left(\frac{E}{R_0 + R'_L}\right)^2 R'_L = \left(\frac{120}{800+800}\right)^2 \times 800 = 4.5(\text{W})$$

(2)当将负载直接接在信号源上时，时

$$P = \left(\frac{120}{800+8}\right)^2 \times 8 = 0.176(\text{W})$$

(三)变压器的额定值

使用任何电气设备或元件时，其工作电压、电流、功率等都是有一定限度的。例如，流过变压器原、副绕组的电流不能无限增大，否则将造成绕组导线及其绝缘的过热损坏；施加到原绕组的电压也不能无限升高，否则将产生原、副绕组之间或绕组匝间或绕组与铁芯之间的绝缘击穿事故，造成变压器损坏，甚至危及人身安全。为确保电气产品安全、可靠、经济、合理运行，生产厂家为用户提供其在给定

的工作条件下能正常运行而规定的容许工作数据,称额定值,它们通常标注在电气产品的铭牌和说明书上,并用下标"N"表示,如额定电压 U_N、额定电流 I_N、额定功率 P_N 等。变压器的额定值标注在铭牌上或书写在使用说明书中。主要有:

(1)额定电压。额定电压是根据变压器的绝缘强度和允许升温而规定的电压值,以伏或千伏为单位。变压器的额定电压有原边额定电压 U_{1N} 和副边额定电压 U_{2N}。U_{1N} 指原边应加的电源电压,U_{2N} 指原边加上 U_{1N} 时的副边绕组的空载电压。应该注意,三相变压器原边和副边的额定电压都是指其线电压。使用变压器时,不允许超过其额定电压。

(2)额定电流。额定电流是根据变压器允许温升而规定的电流值,以安或千安为单位。变压器的额定电流有原边额定电流 I_{1N} 和副边额定电流 I_{2N}。同样应注意,三相变压器中 I_{1N} 和 I_{2N} 都是指其线电流。使用变压器时,不要超过其额定电流值。变压器长期过负荷运行将缩短其使用寿命。

(3)额定容量。变压器额定容量是指其副边的额定视在功率 S_N,以伏安或千伏安为单位。额定容量反映了变压器传递电功率的能力。对于单相变压器,S_N 和 U_{2N}、I_{2N} 之间的关系为

$$S_N = U_{2N} I_{2N} \tag{10-18}$$

对于三相变压器,三者间的关系为

$$S_N = \sqrt{3} U_{2N} I_{2N} \tag{10-19}$$

(4)额定频率 f_N。我国规定标准工频频率为 50 Hz,有些国家规定为 60 Hz,使用时应注意。改变使用频率会导致变压器某些电磁参数、损耗和效率发生变化,影响其正常工作。

(5)额定温升。变压器的额定温升以环境温度为 +40 ℃ 作参考,规定在运行中允许变压器的温度超出参考环境温度的最大温升。

此外,变压器铭牌上还标明其他一些额定值,在此不一一例举。

例 10-4 某单相变压器额定容量 $S_N = 5$ kV·A,原边额定电压 $U_{1N} = 220$ V,副边额定电压 $U_{2N} = 36$ V,求原、副边额定电流。

解 副边额定电流

$$I_{2N} = \frac{S_N}{U_{2N}} = \frac{5 \times 10^3}{36} = 138.9 \text{(A)}$$

由于 $U_{2N} \approx U_{1N}/K$,$I_{2N} \approx K I_{1N}$,所以 $U_{2N} I_{2N} \approx U_{1N} I_{1N}$,变压器额定容量 S_N 也可以近似用 I_{1N} 和 U_{1N} 的乘积表示,即 $S_N \approx U_{1N} I_{1N}$。故原边额定电流

$$I_{1N} = \frac{S_N}{U_{1N}} = \frac{5 \times 10^3}{220} = 22.7 \text{(A)}$$

例 10-5 一台三相油浸自冷式铝线变压器,$S_N = 100$ k·VA,$U_{1N}/U_{2N} = 10/0.4$ kV,试求原、副绕组的额定电流 I_{1N}、I_{2N}。

解 原绕组的额定电流

$$I_{1N} = \frac{S_N}{\sqrt{3}U_{1N}} = \frac{100 \times 10^3}{\sqrt{3} \times 10 \times 10^3} \approx 5.77(\text{A})$$

副绕组的额定电流

$$I_{2N} = \frac{S_N}{\sqrt{3}U_{2N}} = \frac{100 \times 10^3}{\sqrt{3} \times 0.4 \times 10^3} \approx 144(\text{A})$$

思考与练习

1. M 是两线圈间的互感,它是否与互感磁链及产生互感磁链的电流参考方向有关?

2. 已知两个耦合线圈的自感分别为 $L_1=5$ mH,$L_2=4$ mH。(1)若 $K=0.5$,求互感 M;(2)若 $M=3$ mH,求耦合系数 K;(3)若两线圈为全耦合,求 M。

3. 如图 10-15 所示电路,已知 $i=10\sqrt{2}\sin(1000t+30°)$ A,$L_1=0.45$ H,$L_2=0.2$ H,耦合系数 $K=0.5$,求开路电压 u_{ab}。

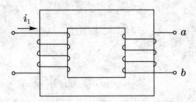

图 10-15　习题 3 图

4. 为了测定两个耦合线圈的同名端,将它们串联起来接到工频 220 V 的正弦电源上,测得电路的功率为 62.5 W,电流为 2.5 A;然后将其中一个线圈的两端钮对调,重新与另一线圈串接到原电源上,电路的功率变为 250 W。试分析哪种情况是反向串联,并求两线圈的互感。

5. 如图 10-16 所示电路,已知 $L_1=0.1$ H,$L_2=0.2$ H,$M=0.05$ H,$R_1=R_2=100$ Ω,$u_S=100\sqrt{2}\sin314t$ V,求电路电流及耦合系数 K。

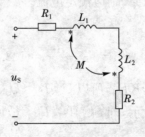

图 10-16　习题 5 图

6. 某单相变压器额定容量为 50 V·A,额定电压为 220/36 V,试求:(1)原、副绕组的额定电流;(2)如果把 36 V 的副绕组误接在 220 V 的交流电源上,会产生什么后果？简述理由。

7. 将电阻为 8 Ω 的扬声器接于输出变压器的副边，输出变压器的原边接电动势 $E=10$ V、内阻 $R_0=200$ Ω 的信号源。设输出变压器为理想变压器，其原、副绕组的匝数比为 500/100，试求：(1)扬声器的等效电阻 R'_L 和获得的功率；(2)扬声器直接接信号源所获得的功率；(3)若副边改接电阻为 16 Ω 的扬声器，为使扬声器能获得最大功率，输出变压器的变比 K 值应是多少？

8. 现有电压互感器，其变比为 6000 V/100 V，电流互感器，其变比为 100 A/5 A，扩大量程，其电压表读数为 96 V，电流表读数为 3.5 A。求被测电路的电压和电流。

参考答案

实训思考与练习参考答案

模块1　实训1-1 思考与练习

1.(1)若将它接到 110 V 电源上,吸收的功率 $P_1=250$ W。

(2)若把它接到 380 V 电源上,吸收的功率 $P_2=2983.5$ W,此时电热器的工作不安全。

2.(a)$P=UI=5\times1=5(W)>0$

A 吸收电能,为耗能元件。

(b)$P=-UI=-(-5)\times(-1)=-5(W)<0$

B 产生电能,为电源。

(c)$P=UI=5\times(-1)=-5(W)<0$

C 产生电能,为电源。

(d)$P=-UI=-(-5)\times1=5(W)>0$

D 吸收电能,为耗能元件。

3.(a)在关联参考方向下:$U_{ab}=IR=8$ V

(b)在非关联参考方向下:$U_{ab}=-IR=8$ V

(c)在关联参考方向下:$U_{ab}=IR=-8$ V

(d)在非关联参考方向下:$U_{ab}=-IR=-8$ V

4. $P_1=UI=-560$ W;元件为电源,发出功率;

$P_2=UI=-540$ W;元件为电源,发出功率;

$P_3=UI=600$ W;为耗能元件,吸收功率;

$P_4=UI=320$ W;为耗能元件,吸收功率;

$P_5=UI=180$ W;为耗能元件,吸收功率;

$P_1+P_2+P_3+P_4+P_5=0$,故说明电源发出功率与吸收功率是平衡的。

模块1　实训1-2 思考与练习

1.(a)电压源功率 -40 W;电流源功率:-10 W;电阻元件的功率:50 W;

(b)电阻上的功率:75 W;电压源上的功率:-50 W;电流源上的功率:-25 W。

2. $R_0=0.3$ Ω　$U_S=5.8$ V

3.(1)$I=-1$ mA;$U=-40$ V;(2)$I=-1$ mA;$U=-50$ V;(3)$I=1$ mA;$U=50$ V。

4.(a)$U=5I$　(b) $U=-25I$; (c) $U=5$ V; (d) $I=2$ A;

5.(a)$U=6$ V;$I=0.5$ A;(b)$I=11$ A;$U=IR=22$ V。

6. (a) 等效电压源和等效电流源如下：

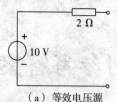

（a）等效电压源

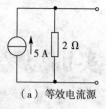

（a）等效电流源

(b) 等效电压源和等效电流源如下：

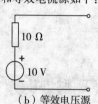

（b）等效电压源

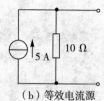

（b）等效电流源

(c) 等效电压源和等效电流源如下：

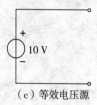

（c）等效电压源

此电路无等效电流源。

(d) 等效电压源和等效电流源如下：

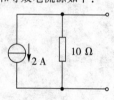

（d）等效电压源

（d）等效电流源

模块 2　实训思考与练习

1. (a) $V_a=10$ V；$V_b=9$ V；$V_c=-5$ V；$U_{ab}=1$ V；

(b) $V_a=5$ V；$V_b=2$ V；$V_c=0$ V；$U_{ab}=3$ V；

(c) $V_a=5$ V；$V_b=2$ V；$V_c=0$ V；$U_{ab}=3$ V。

2. $V_a=1$ V；$V_b=1$ V；$V_c=0$ V

3. $V_a=6$ V；$V_b=3.33$ V；$U_{ab}=2.67$ V

模块 3　实训 3-2 思考与练习

1. (a) $R_{ab}=2.5$ Ω；(b) $R_{ab}=2.4$ Ω；(c) $R_{ab}=13.52$ Ω；(d) $R_{ab}=8$ Ω；(e) $R_{ab}=15$ Ω；(f) $R_{ab}=6.25$ Ω。

2. $R_1=11.4$ Ω；$R_2=0.54$ Ω；$R_3=0.06$ Ω

3. (1) $R_{ab}=30$ Ω；(2) $R_{ab}=13.33$ Ω；(3) $R_{ab}=5$ Ω

4. (1) $R=0$ 时，$I=2$ A；(2) $I=0$ 时，$R=8$ Ω；(3) $R=\infty$ 时，$I=0.33$ A

5. -0.2 Ω $\leqslant \Delta R_1 \leqslant 0.2$ Ω

模块4 实训4-1思考与练习

1. 独立的KCL方程：

$I_1 + I_4 - I_5 = 0$

$I_5 + I_2 - I_6 = 0$

$I_3 + I_6 - I_4 = 0$

选择顺时针绕行方向，列出独立的KVL方程：

$U_{S1} + I_1 R_1 + I_5 R_5 + I_2 R_2 + U_{S2} = 0$

$U_{S2} + I_2 R_2 + I_6 R_6 + I_3 R_3 + U_{S3} = 0$

$-I_4 R_4 + U_{S4} - I_6 R_6 - I_5 R_5 = 0$

2. $U_{ab} = 9$ V

3. $I_3 = 5$ A；$U_{ab} = 12$ V；$U_{cb} = 10$ V

4. (a) $R = 4$ Ω

(b) $U_{ab} = 50$ V

(c) $I = -0.4$ A

(d) $P_{I_S} = 90$ W

模块4 实训4-2思考与练习

1. $I_U = 3$ A；$I_R = 5$ A；$P_{I_S} = -20$ W；$P_{U_S} = -U_S I_S = -30$ W；两个电源均为发出功率。

2. $I_1 = 1$ A；$I_2 = -0.5$ A；$I_3 = 0.5$ A。

3. 独立的KCL方程：

$I_1 + I_2 - I_3 = 0$

$I_4 + I_2 - I_5 = 0$

$I_5 + I_6 - I_1 = 0$

选择顺时针绕行方向，列出独立的KVL方程：

$U_{S1} - I_1 R_1 - I_5 R_5 - I_2 R_2 = 0$

$U_{S2} + I_5 R_5 - I_6 R_6 + I_4 R_4 = 0$

$-I_4 R_4 + U_{S2} - I_3 R_3 + I_2 R_2 = 0$

模块4 实训4-3思考与练习

1. $U = 8$ V，方向自右至左。

2. (1) 将开关S闭合于a点，$I_1 = 0.7$ A，$I_2 = 0.8$ A，$I_3 = -0.1$ A。

(2) 将开关S闭合于b点时，$I_1 = 0.1$ A，$I_2 = -0.1$ A，$I_3 = 0.2$ A。

3. 电压$U = 25$ V，功率为：$P = 125$ W。

4. $I_1 = 4.9$ A，$I_2 = 3.1$ A，$I_3 = 1.85$ A，$I_4 = 1.2$ A，$I_5 = 0.62$ A

模块4 实训4-4思考与练习

1. (a) $U_{OC} = U_{S1}$ $R_0 = 0$ (b) $U_{OC} = \infty$ $R_0 = \infty$ (c) $U_{OC} = \dfrac{R_2}{R_1 + R_2} U_{S1}$，$R_0 = R_3 + \dfrac{R_1 R_2}{R_1 + R_2}$

(d) $U_{OC} = U_S + I_S R_1$，$R_0 = R_1$

2. $I_R = 0.3$ A，$U_R = 6$ V

3. (a) $U = 15$ V (b) $U = 5.1$ V

4. 戴维南等效电路电压为：$U_{OC} = 6$ V，等效电阻为：$R_0 = 16$ Ω

5. $U = 7.67$ V

6. $I = 0.2$ A

模块 5　实训思考与练习

1. (1) $u = 311\sin(314t - 30°)$ V　(2) $i = 10\sin(10t + 60°)$ A

2. (1) 振幅为 20 V，角频率为 314 rad/s，频率为 $f = \dfrac{\omega}{2\pi} = \dfrac{314}{2 \times 3.14} = 50$ Hz，初相为 $-30°$。

(2) 振幅为 100 A，角频率为 100 rad/s，频率为 $f = \dfrac{\omega}{2\pi} = \dfrac{100}{2 \times 3.14} \approx 15.92$ Hz，初相为 $60°$。

3. $\varphi = \varphi_1 - \varphi_2 = 45° - (-30°) = 75°$

4. (1) $A_1 = 10\cos 60° + j10\sin 60° = 5 + j5\sqrt{3}$；

(2) $A_2 = 5\cos(-90°) + j5\sin(-90°) = -j5$；

(3) $A_3 = 10\cos 127° + j10\sin 127° = -6 + j8$；

(4) $A_4 = 20\cos(-30°) + j20\sin(-30°) = 10\sqrt{3} - j10$

5. $A_1 = 5\angle 53°$；(2) $A_2 = \sqrt{5}\angle 26.5°$；(3) $A_3 = 20\angle -53°$；(4) $A_4 = 10\angle -60°$；(5) $A_5 = 2\angle 90°$。

6. $A_1 + A_2 = (4\sqrt{3} + 5) + (5\sqrt{3} - 4)$；

$A_1 - A_2 = (4\sqrt{3} - 5) - (4 + 5\sqrt{3})$；

$A_1 \cdot A_2 = (8 \times 10)\angle(-30° + 60°) = 80\angle 30°$；

$\dfrac{A_1}{A_2} = \dfrac{8\angle -30°}{10\angle 60°} = 0.8\angle -90°$

7. (1) $u_H = 241.6\sqrt{2}\sin(\omega t + 5.6°)$ V

$u_C = 241.6\sqrt{2}\sin(\omega t + 54.4°)$ V

(2) $i_H = 10\sqrt{10}\sin(\omega t - 18.4°)$ A

$i_C = 10\sqrt{10}\sin(\omega t + 108.4°)$ A

8. (1) 根据正弦量的相量表示方法，该正弦电压用有效值相量表示为：$\dot{U} = 100\angle 30°$ V

(2) 根据正弦量的相量表示方法，该正弦电流用有效值相量表示为：$\dot{I} = 3\angle -45°$ A

模块 6　实训思考与练习

1. $i = 1.41\sin(314t + 60°)$ A

2. $I = 0.27$ A

3. $R = 1\ \Omega$；$u = 14.1\sin(314t + 60°)$ V

4. $i = 12.74\sin(314t - 60°)$ A

5. $f \approx 79.6$ Hz

6. (1) $W_{Lm} \approx 32.7$ J；(2) $Q = 513.8$ Var，$I = 2.34$ A

7. $i = 9.74\sin(314t + 90°)$ A

8. $U = 677.6$ V；$Q_C = 677.6$ Var

模块 7 实训思考与练习

1. $u = 10.05\sqrt{2}\sin(1000t + 5.7°)$ V

2. $\varphi = 45°$

3. $u_R = 8\sqrt{2}\sin(\omega t + 143°)$ V；$u_L = 6\sqrt{2}\sin(\omega t - 127°)$ V

4. $Z = 330\angle -72.3°\ \Omega$；$\dot{I} = 0.61\angle 72.3°$ A；$\dot{U}_R = 61\angle 72.3°$ V；$\dot{U}_C = 191.5\angle -17.7°$ V

5. $\dot{I} = 4\angle -37°$ A；$Q = 48$ Var；$S = 80$ V·A；$P = 64$ W

6. (1) $Z = 10\sqrt{2}\angle -45°\ \Omega$，电容性电路。

(2) $\dot{I} = 10\angle 75°$ A；$\dot{U}_R = 100\angle 75°$ V；$\dot{U}_C = 150\angle -15°$ V

7. $\dot{I} = 5\sqrt{2}\angle 45°$ A；$P = 500$ W；$Q = 500$ Var；$S = 500\sqrt{2}$ V·A

8. (1) $\dot{U} = 20\sqrt{2}\angle 75°$ V；(2) $\cos\varphi = \dfrac{\sqrt{2}}{2} = 0.707$；

(3) $P = 40$ W；$Q = 40$ Var；$S = 40\sqrt{2}$ V·A

9. $P = 2420$ W；$Q = 2420\sqrt{3}$ Var；$Q = 4840$ V·A

模块 8 实训思考与练习

1. $\dot{I} \approx 19.6\angle -19.7°$ A；$\dot{U}_1 = 98\angle 33.3°$ V；$\dot{U}_2 = 196\angle 17.3°$ V

2. $\dot{I}_1 = 6.7\angle 60°$ A；$\dot{I}_2 = 15.6\angle -81.3°$ A；$\dot{I} = 11.2\angle -59.3°$ A

3. $\dot{I} = 20\angle 37°$ A；$\dot{U}_1 = 20\sqrt{2}\angle 82°$ V；$\dot{U}_2 = 100\angle -16°$ V

4. (1) $\dot{I} = 5\sqrt{3}\angle -30°$ A；(2) $P = 750$ W；$Q = 250\sqrt{3}$ Var；$S = 500\sqrt{3}$ V·A；$\cos\varphi = 0.866$

5. $C = 5\ \mu\text{F}$；$L = 200$ mH；$R = 25\ \Omega$；$Q = 8$

6. $\omega_0 = 5.8\times 10^6$ rad/s；$Z_0 = 164.7$ kΩ；$Q = 81.2$

模块 9 实训思考与练习

1～4 题答案略。

5. a：$u_C(0_-) = 10$ V $t=0$ 时 S 闭合，$u_C(0_+) = u_C(0_-) = 10$ V $i(0_+) = -0.5$ A

b：$i(0_-) = 3.33$ A $t=0$ 时 S 闭合，$i(0_+) = i(0_-) = 3.33$ A

c：$u_C(0_-) = 0$ V $i(0_-) = 0$ $u_L(0_-) = 0$ $u_L(0_-) = 0$ $i_L(0_-) = 0$

  $i(0_+) = 0$ $u_C(0_+) = 0$ $u_L(0_+) = 10$ V $i_L(0_+) = i_L(0_-) = 0$

d：$i_L(0_-) = 0$ $u_C(0_-) = 0$ $u_C(0_-) = 12\times 4 = 48$ V

  $u_C(0_+) = u_C(0_-) = 48$ V $i_L(0_+) = i_L(0_-) = 0$ $u_L(0_+) = 0$

e：$i_3(0_-) = 0$ $i_1(0_-) = i_2(0_-) = \dfrac{90}{30} = 3$(A)

  开关闭合：$i_2(0_+) = i(0_-) = 3$ A $i_3(0_+) = \dfrac{90-60}{20} = 1.5$(A)

  $i_1(0_+) = i_2(0_+) + i_3(0_+) = 4.5$ A

f：开关闭合 1：$i(0_-) = 0$ $u_C(0_-) = 0.6\times 10 = 6$ V

  开关由 1 投向 2：$u_C(0_+) = u_C(0_-) = 6$ V $i(0_+) = \dfrac{10-6}{100} = 0.04$(A)

6. (1) $i(0_+) = 0.12$ mA $\tau = 1$ s

(2) $u_{R_2}(1.5\text{ s}) = 1.6$ V

7. $u_C(1\text{ ms}) = 1.264$ V

8. 经过 0.23 s 放电电流 i_C 下降至 0.1 mA

9. $i = 10 - 10e^{-\frac{t}{2\times 10^{-3}}}$ (A); $i(0.3\text{ s}) = 10$ A ($t>0$)

10. $i(t) = 4 - 4e^{-\frac{t}{0.6}}$ A

11. $i_C(t) = -e^{-\frac{t}{0.15}}$ (mA); $u_C(t) = 20 + 30e^{-\frac{t}{0.15}}$ (V)

12. $i_L(t) = 0.24 + 0.1e^{-25t}$ (A); $i_C(t) = -5e^{-25t}$ (V) $t \geq 0$

13. $u_C(t) = \dfrac{5}{3} + \dfrac{1}{3}e^{-\frac{t}{8.33\times 10^{-6}}}$ (V)   ($t \geq 0$)

模块 10　实训思考与练习

1. 略

2. (1) $M = 2.353$ mH; (2) $K = 0.67$; (3) $M = 4.47$ mH

3. $1500\sqrt{2}\sin(1000t + 120°)$ V

4. $M = 0.0355$ H

5. $K = 0.354$

6. $I_{1N} = 0.227$ A; $I_{2N} = 1.389$ A

7. (1) $R'_L = 200$ Ω; $P = 0.125$ W; (2) $P = 0.018$ W; (3) $R'_L = K^2 R_L$; $200 = K^2 \times 16$ $K = 3.536$

8. $U_1 = 5760$ V; $I_2 = 70$ A